阅读成就思想……

Read to Achieve

通俗哲学系列

Å FORSTÅ
DYR

Filosofi for hunde- og katteelskere

假如猫狗会说话

关于动物的哲学思考

[挪威] 拉斯·弗雷德里克·H. 史文德森（Lars Fr. H. Svendsen）著

李楠 译

中国人民大学出版社
·北京·

前　言
关于动物，我们从未深思过的想法

但凡养过宠物的人都想知道动物是怎样感知这个世界的，比如，狗或者猫这类动物在置身其中的世界里会感受到什么。迄今为止，没有狗或猫写过自传，我们也无从获取任何相关的只言片语。当我看到驼鹿、狐狸或是林中小路上的野兔时，我想知道它们是如何看待我的。

每当我们观看那些关于大自然的电视节目时，无论是一只鹰在天空翱翔，还是一只虎鲸在海里穿行，抑或是一只章鱼在海底漫步，我们都会情不自禁地想象这些动物到底在想什么。

美国生物学家斯蒂芬·杰·古尔德（Stephen Jay Gould）这样写道：

> 给我一分钟，就一分钟，让我进入这种生物的肌肤，只要让我在这拥有知觉和概念的不同生物体上停留60秒，我就会知道自然历史学家多年来一直在探求的秘密。

然而，古尔德又不无遗憾地指出，这是不可能的。我们能做的只是从外围展开工作，间接地研究这些生物，对它们的意识世界是怎样的，以及它们是以何种方式存在于某个或其他生物的世界中的保持着好奇。

这并不意味着本书只关注动物，它关注的还有人类自身。当然，人类也是动物，但是人类拥有其他动物所没有的一系列特征。因此，本书就为我们人类去理解那些非人类的动物提供了某些可能性。它为业余爱好者对动物的看法进行了辩护，我认为相较于那些科学理论而言，业余爱好者与动物的关系也非常重要。当然，科学理论对两者的关系同样有着深刻的理解。话虽如此，但业余爱好者也可以从科学发现中学到很多东西。例如，如果你想要了解某种动物，那么掌握一些这种动物的进化史方面的知识就很有帮助。因此，这本书涵盖了大量的科学素材。然而，在我看来，科学也可以从业余爱好者的观点中学到一些东西。

业余爱好者，顾名思义，就是热衷于此的人，而这种热衷和热爱本身就能揭示一些东西，这是那些对此抱有疏离淡漠态度的人所无法体会的。对于"爱使我们盲目"这种说法，马丁·海德格尔（Martin Heidegger）并不赞同。他强调说，事实上，当我们心存热爱的时候，我们能觉察到一些一般人看不到的东西。

如果说我在这本书中使用的方法可以和某个特殊的哲学传统联系起来，那就是阐释学（hermeneutic）传统。对于熟悉这一传统的人来说，这似乎很奇怪，因为它通常将动物排除在可被理解的领域之外，声称动物只能被解释，而不能被理解。因此，本书的目标之一就是把动物这个一直以来被传统摒弃的内容引入阐释学或解释理论。

在对动物精神生活的研究中，关于黑猩猩和鸽子的著述比较多，而猫和狗出现的频率要低得多，但是相关文献也不难找到。本书将会涉及大量有关猫和狗的案例，它们是我们大多数人在日常生活中最常接触的动物了。就基因和进化角度而言，黑猩猩和我们人类倒非常接近，但很少有人会在家里豢养一只黑猩猩，对此人类倒是应该感到高兴：研究猫和狗的研究人员能够保持双手完好无损的比例，要远高于研究黑猩猩的人员。在生活中，相对于黑猩猩来说，我们对于猫和狗更熟悉一些。本书里的大量素材来自我对自己养过的猫和狗的观察，特别是我的狗卢娜以及拉斯和盖尔这两只猫，它们仨会频频出现在书中。原因其实很简单，你从和你一起生活了多年的动物身上可以学到很多东西。

当然，本书中也不全是猫和狗这两种动物，也有许多其他的动物也包含在内。太平洋里的巨型章鱼是一种具有高级意识的动物，所以在本书中我也额外关注了一下它。然而，因为它与人类的共同点相比其他动物来说少得多，所以这是一个真正的挑战。理解一只章鱼的难度不啻于理解一位天外来客。

“搜寻地外文明计划”就是试图去探寻其他行星上有无生命存在，它的口号是一个问题:“我们是独一无二的吗?”或者更准确地说:“人类是不是这个宇宙中唯一拥有智慧的生命?”这个问题的答案显然是否定的。诚然，对于其他行星上是否存在智慧生命或任何种类的生命，我都持审慎的怀疑态度。在我们这个星球上，除了智人之外，还有大量的智慧生命。

我是坐在度假小屋里敲下这些文字的，其实为了不受打搅地安心写作，我已经在这里待了几个星期了。然而，我也并不是完全不受打搅，因为我确定这里存在着两个有意识的生命，那就是我的狗和我本人。我们偶尔会去散散步，聊聊天。和电影《荒岛余生》(*Cast Away*)不一样，电影中的主人公被困在一座孤岛上，他在排球上画了一张脸，跟它说话，把它叫作威尔逊。排球显然没有意识，但是我的狗卢娜是有意识的，我对这一点确认无疑。作为一个有智慧的生命，它是一个鲜活的例子，这一点是显而易见的。但是我问自己，我能理解这一点吗？我了解这种与我自身迥异的生命体吗？我理解卢娜吗？我能理解它的感受吗？

本书是对我们与动物之间的关系所做的哲学分析，意在提供一种哲学视角，可以帮助读者来观照自己与动物的关系。路德维希·维特根斯坦写道："哲学著作……究其本质是有关人本身的著作。它基于一个人自身的观念，基于一个人如何看待事物，以及一个个体对其他人所抱有的期待。"类似于这样的自我反省，别人是无法代劳的，你必须自己一力承担。我不奢望给出一个明确的答案，最重要的是，我可以帮助读者看到一些很容易就会被忽略的东西，考虑一下那些从未被深思过的想法。

目　录

01

假如动物会说话

“即便一头狮子能说话，我们也仍然无法了解它。”路德维希·维特根斯坦的论断让我们感到很吃惊。我们大多数人认为，如果一种动物会说话，我们就能对它有所了解。这样狮子就能告诉我们作为一头狮子是什么感受，而不是我们从狮子的行为去自行推断。维特根斯坦的这句话究竟何意？他认为狮子张口说话时会说何种语言？是德语、英语，还是狮语？如果他的意思是狮子虽然会说话，但使用的是我们完全陌生的狮语，那么毫无疑问我们还是听不懂。此外，他还可以说："即使一个马赛人（Maasai）[①]在说话，你也弄不明白他在说什么。”这是显而易见的，因为我不是研究马赛部族的专家。但维特根斯坦似乎是想表达些什么，而不仅仅是反复陈述一个人无法理解他所不了解的语言。

更确切地说，可以设想一下他想强调的是，在人类世界

① 东非最著名的一个游牧民族。——译者注

与动物世界之间横亘着一道鸿沟，这道鸿沟是如此之深，以至于两个世界毫无沟通的可能——即使为了讨论方便，我们说这种动物会说某种语言，这种语言有着与英语相同的词汇和语法结构。当然，假如说话就意味着像人类一样说话，那我从未见过除了人类以外哪种动物会说话。原因很简单，除了人类以外，没有哪种动物会像人类一样说话。另外，我从未与不会表达的动物互动过。那些我见到的、觉得它们不会表达的动物并非真的不会表达，是因为我从未与这些动物深入互动过。

当我遇到那些我试图去理解的动物时，它们无一例外都会说话，当然我是那个为它们代言的人。当我试图去探究那些动物的意识时，我免不了要用语言把它表述出来，仿佛动物本身在说话一般。我也在和动物们说话。这并不是因为我有一种错觉，即它们能听懂我说的那些话，就像其他人能理解这些话一样；而是因为这是我与它们进行沟通交流的方式，似乎是我能用这些语句成功地进行一些沟通交流，虽然只是一些莫名的情绪或者简单的指令。

用维特根斯坦的话来说，如果想要在人与动物之间做一个根本的界定，那么我们就必须要问这种界定基于何种基础，以及何时需要进行这种界定。如果我说“就算尼安德特人会说话，我们也理解不了他”，会怎样呢？大多数人都会认为，如果尼安德特人会说话，我们就能了解这种生命。最可能的是，我们会将这种生命体归类为一个人。然而，尼安德特人和我们现代人有很大的不同，他们的大脑容量更大，视力更佳，因为他们大脑中的很大一部分被开发来做这一功用。与此同时，相较于我们，他们的社交智商也确实乏善可陈。人是如何成为人的？在人类进化史的哪个时间节点上，我们可以明确断言“就算 X 能说话，我们也无法理解他”？

当看到祖先在上一个冰河时代所画的几何符号时，我们不得不承认我们对这些符号的意义几乎一无所知。那些关于公牛和其他动物的绘画令人感到惊叹，但我们也只能说自己看懂了他们所描绘的那些图像。

我们必须承认我们不能说自己很了解这些图像所代表的意义，因为我们对它们在那些人的生活中所起的作用知之甚少。那 32 个留存下来的几何符号完全是另一回事；这让我们更加茫然了，因为我们根本无从知晓这些符号所绘为何物。即使我们会把它们看成某种意义的表达，但又是何种意义呢？我们对绘制这些符号的人稍微有一点了解，知道他们如何穿着，如何捕猎，如何演奏乐器以及如何埋葬死者。但是，我们对这些几何符号背后所代表的行为却一无所知。如果我们能乘坐时间机器穿越回去，那么我们希望通过与他们互动，能够一点一点地理解他们，了解他们的生活方式。这样，我们也可以看到这些符号在他们的文化中扮演了什么样的角色。

当维特根斯坦解释文化背景迥异的人们是如何理解彼此时，他指的是“人类的共同行为”。人类和动物之间也存在共同行为，这使得两者之间可以进行交流。然而，维特根斯坦也强调，仅仅因为存在着文化差异，人类之间就可能彼此无法理解，哪怕他们说同一种语言也无济于事。在发表有关狮子的论断前，维特根斯坦这样写道：

> 我们还说有些人对我们而言是透明的。然而，一个人对另一个人可能完全是个谜，这一论断是很重要的。当我们来到一个风俗习惯全然陌生的国家时，我们就会明白这一点。并且，更重要的是，这个国家的语言对我们来说也完全是陌生的。我们并不了解当地的人（不是因为不知道他们在自言自语什么）。我们无法融入当地的环境。

诚然，这些人也不是全然无法沟通的，总还有一些东西是可以理解的，比如那些我们人类都有的共同行为。但对于那些涉及他们生活方式的内容，我们确实就无法理解了。动物的情形难道不是与此类似吗？狮子和我们一样，也会有吃饭或者放松等诸如此类的活动，要理解这些活动并非不可能。狮子的那些和我们不一样的行为也不是不能理解。比如，虽然我从来没有蹑手蹑脚地跟在瞪羚背后去撕咬过它，但这也丝毫不会妨碍我理解狮子的这一举动。或许，我们可以准确地说："即使狮子会说话，我们也完全无法理解它在说什么。"或者是："如果狮子会说话，那么我们或许可以听懂一些什么。"但是诸如此类的描述，都没有真正领会维特根斯坦所要表达的意思。

人类之所以迥异于其他动物，仅仅是因为语言的关系吗？如果说掌握一门语言就能改变一切，那么能像人类一样说话的狮子是不是就无法再拥有狮子的意识了呢？如果是那样，那它就不再是一头狮子了。也许我们应该说："如果狮子会说话，那么它将无法理解自身。"或者更确切地说："如果狮子会说话，那么它将不会明白作为一头普通的、不会说话的狮子是什么感觉。"

弗朗茨·卡夫卡（Franz Kafka）在他1917年发表的短篇小说《致某科学院的报告》（*A Report to an Academy*）中就讲了一个类似的情节。小说的主角红彼得是一只会说话的猿猴，德国的一个科学院的人要求它给他们讲讲它的生活。科学院的人非常希望红彼得向他们讲述一只自然状态下的猿猴的生活，更甚于想知道它是如何学会说话的。然而，红彼得很遗憾地告诉他们，关于之前的生活它已无可奉告。因为在它学习人类的语言和行为习惯的过程中，它作为一只猿猴的记忆已经被抹去了，它早已忘记了作为一只猿猴是什么样的。它只是向大家描述了从它被人抓住到现在成功地成为一个"艺人"的全过程，它抽烟、喝红酒，像一个典型的欧洲人那样说话。

在卡夫卡写下这篇短篇小说之前，哲学家们已经考虑过了猿类会说话的可能性。伊曼努尔·康德（Immanuel Kant）说过人类是唯一拥有说话能力的生物，但他也承认，进化可能会以这样的方式继续下去，就是人类不再是唯一拥有语言和智力的动物，猩猩也可能习得说话和理解的能力。1748年，朱里安·奥弗鲁·德·拉·梅特里（Julien Offray de La Mettrie）在他的著作《人是机器》（*Man A Machine*）中声称，一只猿猴经过训练之后可以学会一种语言，这时这只猿猴绝不是野蛮的或者低等的人类，而是更像人类，就像所有人一样。语言使得一切都大为不同了。

在红彼得向科学院报告它的生活之前，距离它被抓已经过去五年了。有一次它在河边饮水时被人抓住，然后被关进笼子运到了德国。在漫长的转移过程中，它有足够的时间做出种种推测；它注意到船上的人都可以自由地来回走动，而它却只能被关在一个极不舒服的笼子里。它想如果它能模仿人类，就会拥有类似的自由；这只猿猴希望通过模仿人类的行为变成人。它说这简直不费吹灰之力。它看到人们握手，就模仿他们握手。然后，它学会了吐口水，这也很容易。学抽烟和喝酒要更难一些，但也不是不可能。有一天，它一口气喝了一整瓶杜松子酒，竟然用人的声音清脆而又准确地喊了一声："哈罗！"就这样，它当场用人类的语言体系突破了人与动物之间的隔阂，成为人类社会的一部分。人类只是会说话的猿猴罢了。

五年过去了，红彼得已经经历了如此巨大的转变，它身上的"猿性"已不复存在，它对"猿性"的陌生不亚于人类。它先是成了一只会说话的猿猴，然后又成为一个人，它已经与不会说话的猿猴之间失去了联结。简而言之，一只会说话的猿猴就不再是一只猿猴了，正如一头会说话的狮子不再是一头狮子了一样。正如我们无法理解维特根斯坦的狮子，卡夫卡笔下的猿猴也无法理解它自己，因为它已经成了人类的一员。那么，在现实世界中，会说话的猿猴又会如何呢？

02

你以为的就是你以为的吗

大多数试图教动物说话的尝试都是在研究黑猩猩时进行的。这倒也没什么奇特之处，因为人类有充分的理由假设黑猩猩拥有最好的先决条件。黑猩猩的大脑中有类似于人类大脑中负责语言的区域的结构，只不过它非常小。人类先是尝试教黑猩猩学说话，但因为黑猩猩缺乏人类的言语机制，这一做法当然不太见效。下一步是教它们学手势语。一只叫华秀（Washoe）的黑猩猩是第一个学会的。还有一种方法就是教黑猩猩按标识着不同符号的键盘。在这些会说话的猿类中最有名的是华秀，它在五年的时间里学会了 132 个单词，尼姆（Nim）在三年半里学会了 125 个单词，大猩猩科科（Koko）则用四年时间学会了 250 个单词。尽管没有意识到人类在看着它们，但学会了手势语的黑猩猩相互之间也会用手势语进行交流。为了证明这一成绩有多么来之不易，就不得不将其和人类做个对比：一个两岁大的婴儿每天能学会 10 个单词。教猿猴学会使用手势语和符号是一项费时费力的工作，但人类的幼儿很容易就能做到。

这些灵长类动物用其所使用的符号表达了一些什么内容呢？迄今为止，没有一只会使用符号的猿猴能说出让人耳目一新的观点，向人类解释清楚做一只猿猴是什么感觉。它们大多用符号来索要食物和饮料，同时，要求玩耍和拥抱也很常见。但华秀、科科和其他灵长类动物努力学会了相对较多的符号，也能用这些符号沟通，但是它们一点也不懂语法。狗、老鼠和鸽子等无数其他物种也学会了将某个符号，比如一盏灯或一个动作跟某个行为联系起来；另外，也并没有令人信服的证据可以证明，在华秀和科科使用的猿类语言与这种联想性学习之间存在着任何本质的不同。如果你看一下这些会说话的猿类都说了些什么，你就会发现它们大多说的是“要吃的”“要橘子”和“要香蕉”。尼姆是这一方面的明星，它曾说出了迄今为止最长的连续语句：“给橘子我给吃橘子我吃橘子。给我吃橘子给我你。”相比之下，年仅两岁的人类幼儿就能用名词、动词和介词等说出语法正确的句子，而且除了当时在他们眼前的东西之外，他们也可以谈论不在场的人或者物。大家可以自问一下，教会一只猿猴使用手势语要东西究竟有何意义，很显然它们本来也可以做到，至于是通过按一个按钮还是撬一个杠杆得到一根香蕉，两者本无太大的差别。简而言之，这与我们通常所认为的能熟练运用语言的情况相去甚远。

许多研究人员声称，他们所训练的动物能发表更复杂的声明，并对生与死、会讲笑话等诸如此类做了详细的描述。但是其他研究人员在研究了这些材料后发现，动物实际用手势所表达的意思与它们的训练者所做的解读差别甚大。简而言之，它们的训练者做了过度解读。独立研究人员发现，在所有的手势语中，有意义的手势和手势组合的比例非常低。有人可能会说这是因为独立研究人员并不了解这种动物，因此他们没有充足的知识储备可以来解释它们。

显然，我们需要对动物使用的手势语做出解读，而且为了获得前后一致的信息，我们不得不对它们实际运用的手势做出偏离字面意义的解释，那么这些信息就更有可能成为阐释者的解读，而不是动物最初要表达的意思。与独立研究人员相比，哪怕这些手势语运用得并不恰当，这些训练者也更倾向于自行调整语序来进行解读。比如，在大猩猩科科身上就有一个备受争议的例子：有一天科科不是太配合，在被要求做出喝酒的手势时，经过一番磨磨蹭蹭后，它把手指向了自己的耳朵而不是嘴巴。训练者解释说科科是在开玩笑，但对此持怀疑态度的人则更倾向于认为科科只是做错了。有人也许会说，越是费力地做出这些有利的解释，动物对语言能做出有意义的理解这一观点的说服力就越差。此外，大多数动物都能对人对它们所说的话表现出相当不错的理解力。然而，这样的观点也遭到了批评者的反对，他们觉得这也是有问题的，因为这些训练者正是每天都和动物互动的人，也正是这些人向动物发出了口头信息。他们认为，可能是身体语言的暗示，而非对语言所表达的信息的理解，导致了预期行为的产生。这些暗示倒也未必是研究人员刻意为之，但是悖论在于，如果没有动物比较熟悉的训练者在场，这种实验就很难完成。

类人猿是否拥有语言？或者能否通过某种途径来习得一门语言？研究者对此曾有过广泛的讨论。虽然似乎永远也无法就这一点达成一致意见，但是大多数研究人员倾向于认为类人猿没有自己的语言，至少缺少语言学家通常意义上所认为的语言。虽然一些动物个体确实学会了各种各样的手势语，但是比起人类正常的三岁儿童所掌握的手势语的量来说，却要少得多。

类人猿的交流方式挺令人着迷的，但也非常有限。即使是最训练有素的灵长类动物，并且学会了大量的字符和符号，也无法掌握基本的语法。没有一只黑猩猩写出了一部伟大的小说。有人可能会认为，黑猩猩的后代或许某天能做到这一点，但是一旦这样，那它就已经进化得再也不是一只黑猩猩了。

对于动物是否拥有语言这个问题，答案当然还不清楚，这取决于你对语言的定义。一方面，如果你认为语言有一个非常宽泛的外延，或多或少近似于沟通，那么很显然，很多动物确实拥有语言，因为大量的动物之间显然能进行沟通和交流。比如，奥地利动物行为学家卡尔·冯·弗里施（Karl von Frisch）在 1973 年获得了诺贝尔奖，他研究发现，蜜蜂可以通过舞蹈进行交流，而这种舞蹈甚至可以被分解成不同的方言。但是另一方面，如果你对语言的定义比较狭隘，比如你认为 X 是一种语言，并且当且仅当它包含所谓的递归结构（recursive structures）时，它才成为语言，那么很可能动物中就不存在语言。递归的意思是，一种表述方式中可以包含相同的结构成分，比如，“我知道你认为你的狗能理解你的想法”。语言学家诺姆·乔姆斯基（Noam Chomsky）、生物学家马克·豪泽（Marc Hauser）和特库姆塞·菲奇（W. Tecumseh Fitch）在他们的一篇影响颇广的论文中指出，类似的递归结构只存在于人类的交流中。虽然批评者试图指出其他物种的“语言”中也存在着递归结构，包括鸟类的鸣叫，但几乎没有迹象表明有哪种动物的交流体系使用了递归结构。

如果一定要有这样的结构才能被称为语言，那么基于这种判断，我们人类是唯一拥有语言的动物。虽然我个人认为我们无法界定一种语言的充分必要条件，但我倾向于对语言做更严苛的理解。不过，我们是否将动物的交流称为“语言”真的重要吗？不可否认的是，它们之间的确存在着交流。其他物种之间以及其他物种与我们之间，显然能彼此交流感情和意图。动物既能在自己的物种之间进行交流，也能同其他物种进行交流。如果瞪羚注意到狮子在跟踪它，那它经常会高高地跳起来。这就向狮子传递了一种信号，告诉狮子它被发现了，它永远也抓不到自己。这样一来，它们都可以避免在无果的狩猎上浪费大量的精力。毫无疑问，我的狗能告诉我它饿了，它想要吃东西，想要小便，想要出去遛遛，或者它感到害怕，想寻求我的保护。

至少在家里人回来的时候，它会表现得很快乐，然后，它会交替着发出一种独特的声音，从一种低沉的咕咕声到一种高亢而明亮的音调，也许可以被描述为“吁吁吁吁哦哦哦哦哦呜呜呜呜呜呜”。很显然，对我来说，每次卢娜发出这种声音，它的尾巴就会摇得像鼓槌一样，这时候的它简直可以说是非常快乐的。从“吁吁吁吁哦哦哦哦哦呜呜呜呜呜呜”

中，你可以听出它心中充满了快乐。同时我也必须承认，它的沟通技巧是相当有限的，比如说它没有使用符号的能力。或者，大而化之，我也可以说卢娜把玩具鸟作为它感到幸福的符号，因为每次家里有人回来时，它总是拿着玩具鸟发出吱吱的声音。不过，也许这未免有点过于牵强了。

其他动物没有我们这样的语言能力，它们的声区比我们人类的要小得多。有人可能会说，它们或许有我们所没有的声区，这种看法本身可能是对的；但是我们与动物之间的一个重要区别在于，后者的交流只能局限在当下它们目力所及的东西上，而我们人类却不仅限于此，我们同时具备交流过去和未来事件的能力。例如，我们可以谈论自己小时候或者去年假期发生的事情；我们还可以谈论那些尚未发生的事情，比如夏末我会去趟北京。然而，动物的交流本质上局限在它们的直接环境之内，它们的交流空间只限于此时此地。

动物无疑具有表现力，当然并非所有的动物都是如此，但起码很多动物都是如此。它们有不同的表达方式。例如，虽然跟狗比起来，我们很少会在一只猫脸上看到拟态，但猫会用声音进行交流，也会使用身体语言。与其他自然物不同，这些动物能给我们留下深刻的印象，它们要求我们对其进行回应。人类拥有庞大的、富有表现力的指令系统库，因此我们可以很容易地了解别人在说什么，即使我们语言不通，或者根本无法进行语言交流。我父亲曾用过好几个星期的呼吸机，他既不能说话也无法写字，但是很多时候，如果他口渴了或者感到疼痛，或者他脚上穿的防血凝的袜子勒得太紧了，我基本上都能反应过来。我们人类与许多动物之间也存在着一个重要的指令系统库。这并不是说，我们通常先观察某种动物的行为，然后对照解释图查找这一行为所代表的意义，再对这种动物的精神状态做出解读；而是说，我们总是可以将理解过程分成三个阶段，我们对其他人类行为也可以做如是解读。然而，就经验而言，我们在理解一种动物的行为时不是这样分步骤的。当我们面对动物，尤其是那些我们所熟悉的动物时，我们会对它们做出一种即时解读。

当然，我们可能对动物和人类这两者的思想状态都存在认知误区，因此即时解读并非绝对可靠，意识到这一点是很重要的。任何理解都有可能产生误解。不管是动物还是人类，我们与之相处的时间越长，误解就越少。对于那些我们与之并无太多共同表达指令的动物，我们理解它们就非常困难。太平洋巨型章鱼就是一个很好的例子，它能变幻出很多复杂的颜色和图案，简直就是符号大爆发，但是对于大部分图案的意义，我们却无从辨识。也可能其中确实有一些有意义的东西，但是我们无法理解，也可能根本就没有任何意义需要理解，它只是想展示一些迷人的色彩罢了。然而我们不得不说，我们承认行为在某种程度上具有表现力，我们应该意识到原则上这种行为也能表达其思想状态。

许多哲学家已经认识到语言和思维的关系非常密切，语言能力一直被认为是具有思维能力的充分必要条件。相反，缺乏语言技能也被认为是无法进行思考的充分条件。这可能是一些哲学家更倾向于认为计算机比动物更具思维能力的一个重要原因，因为前者无疑拥有某种语言形式。我认为这种推理是荒谬的，因为很多动物明显表现出了意识以及思维能力；并且在我看来，计算机是否能够展示这种能力却是非常值得怀疑的。一个人只能借由一种自然语言才能思考，如果此事为真，那么不会说话的生物则无法进行思考。然而，更合理的说法是，一些动物，也包括婴儿，能表现出清晰的思维迹象，这也就是为什么语言作为思维的前提这一命题是可疑的。语言是多种思维方式的前提是一回事，每一种思维方式都应该有一个前提则是另一回事。

哲学家们总是倾向于高估语言的重要性。毕竟，在生物体中是可以产生相当先进的思维的，即便该生物体不拥有一般意义上的语言。想象一下，一群黑猩猩中存在着一个复杂的社会系统，其中既有等级制度也有各种联盟。每个黑猩猩个体都必须根据它所处的社会地位小心行事。黑猩猩的行为本是源自一个复杂的社会系统，如果说这种行为无法部分解释思维的存在，那似乎不太合理。语言是思维的媒介，而且是一种特殊的、强大的媒介；但是正如前面所提到的，语言当然不是唯一的媒介。人类拥有其他动物所不具备的语言和符号资源。人类构建符号的能力使得我们在与世界的关系中可以相对独立，因为我们可以用符号来指代不同的对象。和任何我们所知道的动物相比，我们人类的思维具有一个更广袤的潜在作用域，只是因为我们是“符号的动物”（*animal symbolicum*）。这同时给我们的情感提供了另一个通道，一个人或许会爱上一个素未谋面之人，也或许会对一个素未谋面之人抱有深切的恐惧，哪怕这个人甚至可能置身于另外一个大陆。

许多动物能以指涉的方式指代某种事物，通过运用信号尤其是声音来进行交流。换句话说，它们可以区分不同的对象，并和同类就此进行交流。它们不仅会发出代表“危险”的信号，还能指出这是何种危险，对方到底是一只鸟、一条蛇还是一只猫。面对这些不同的危险，有些动物使用的信号也不同，而另一些则是使用信号组合。我们至少可以部分地理解它们在表达什么。

维特根斯坦引用了歌德的《浮士德》中的一句话:“一开始是契约。”正如维特根斯坦所言，语言是一种精炼。我们在行为中发现了某种规律性，如果缺少这种规律性，我们也就无从理解该行为的意义。他将这种规律性描述为“人类的共同行为”，我们必须全面考虑人类行为的范围。然而，不仅人类之中存在着共同行为，我们与其他动物的行为之中也存在着共同之处。有了这样的基础，我们就能理解动物，即使它们并没有语言。

03

动物有意识吗

“人的身体是其灵魂最好的写照。”维特根斯坦关于人类的肉体与灵魂关系的论断也可以延伸到动物身上，“如果你看到了一个有生命的物体的行为，那么你就可以看到它的灵魂。”此处的“灵魂”一词并无任何超自然的含义在内。看到一个灵魂就意味着看到了一个人，一个有主观性或意识的人，而不仅仅是一件东西。我们的知觉具有即时性，在他能够知觉时，他是有灵魂或意识的。比如，有一个人在冰上滑倒了，摔在地上，导致胳膊变形扭曲。我们不会看着那个人然后想：“这个人一直在打滚，还这样尖叫，很可能他感到很痛，所以我有充分的理由假设眼前的这个人应该感觉很痛。”我们不会这样推论，而是能从这个人的行为中看到痛苦。我们更不会这样想：“我不知道他是否很痛，因为他的感觉只是存在于他内心的某种东西，超出了我的认知范围。”

看到维特根斯坦所说的灵魂并不意味着就像能透视一种贝壳一般，它只是一个简单的事实，看到了这个身体和他的行为也就看到了一个灵魂。然而，这假设了我们所看到的内容与我们自身的行为存在足够多的相似之处。例如，我们只能在某个动物表现出某种跟人类类似的行为时，才能说它很痛。

你可能不知道你的狗有意识，并且会思考，但你有更多的理由去假设它会思考，而不是相反。许多动物都清楚地表明它们有意识，这一点尤其适用于所有哺乳动物，这是没有什么值得怀疑的。然而，动物世界却是如此丰富多样，我们有理由怀疑甲壳类动物是否有意识，也有一些毋庸置疑的情况，比如牡蛎。如果我们现在只是将讨论范围局限于哺乳动物，那么我们可以说一个人看不出动物的意识、感情和意图，那就是维特根斯坦所说的面相盲（aspect-blindness）。根据维特根斯坦的说法，面相盲类似于音盲。当一个音盲的人和一个具有音高辨别力的人听到同样的声音时，听到的内容是完全不同的。与此类似，一个面相盲的人即使接受同样的视觉刺激，也不会和那些拥有面相觉知能力的人看到的画面一样。在面相盲这里，意义的维度已经丧失了。

如果看到一条狗站在大门口，不停地挠门，可怜巴巴地哀叫，你可以认为你不知道狗到底想要什么，或者它是否拥有意识以及知道想要什么的能力。如果整日闭门造车，那么当然可以一直对这些事物持怀疑态度。但我强烈建议你从书桌前起身，把你的狗带出去遛一遛，让它舒服一点。很明显，从所有的意图和目的来看，狗想要小便，也想出去撒欢，因为它已经明白了它必须在外面撒尿。你们一出门，你的狗马上就撒了一大泡尿，在你携狗散步归来时，那种怀疑的推测似乎就有点荒谬了。大卫·休谟（David Hume）就描述了一种越来越多地陷入这种推测的感觉，即任何事情你都无法再了如指掌，你出于某种原因放弃推测，然后去做其他事情的：

> 吾乃进食，食毕博戏，与友人闲话，游息二、三小时后，重理吾业，遂觉吾持论之肃杀无一温一 、牵强可笑也[①]。

动物的表达行为就像人类的表达行为一样，从一开始就存在。表达行为是我们赖以成长、习得语言、获得后天意识的成长环境的一部分。并不是我首先明白自己的情况，然后在此基础上推断其他人也有意识。别人的意识至少和我自己的意识一样，一开始就存在。这也适用于对动物意识的意识。动物的意图我们通常立即就可以理解。正如维特根斯坦所写的："意图的自然表达是什么？那就看一只猫如何去跟踪一只

① 本段摘自钱钟书译本。——译者注

鸟，或者一头野兽想要如何逃跑。”我们通过与动物相处来了解它们的意图。对于任何一个和动物一起长大的人来说，怀疑动物是否同样具有意图有点奇怪。原因在于，批评者似乎假设了一个人在与人打交道时首先学会了去理解另一个人的意图，但是在将其扩展到动物身上时会有一点问题。然而，无论是谁，只要在他正常的成长环境中存在动物，他通常都能通过生活中的互动去理解对方的意图，不管对方是人还是动物。

我知道一个微笑的、笑得亲切的人是快乐的，因为通过对照快乐的标准，我知道了何为快乐。同理，我知道坐在那里哭泣的人很难过，因为这也符合我对难过的认知。此处不存在任何推论。我不认为，“我看见他在哭，因此我有理由认为他很难过”。恰恰相反，他在哭泣时，我能看得出他很难过。在更复杂的情况下，例如悲伤或孤独时，它们超越了单纯的难过，有更复杂的标准。在任何情况下，理解内部流程总是需要外部标准。关键在于，疼痛不能简单地等同于表现出疼痛的行为，正如悲伤不是简单地流露出悲伤的行为一样，我们只是通过参照外部可视信号来解读那些展示出精神状态的表情。我们看到了感受。我们如果看不到一个人的面部表情，就无法推断出这个人是高兴还是难过。

此时，你脑海中可能会悄悄出现一种怀疑的论调："你根本无从知晓他是不是真的很伤心，也许他只是装出来的。或许他只是个机器人。但如果你自己也感到疼，那你就会很清楚。"你可以尽管去怀疑，但是我怀疑你是否能一直坚持这种论调。如果你看到了上述那个人——他在冰上滑倒，大声尖叫，胳膊已经扭曲变形了，那么你真的会说出你的怀疑吗？根本不会。感情不仅是隐匿的、纯粹的心理现象，也是可见的行为、动作和表情，展现于面部表情和手势动作之中，而不是隐藏在其背后。

法国现象学家莫里斯·梅洛－庞蒂（Maurice Merleau-Ponty）强调了感受与身体之间的紧密联系。感受不是隐藏于手势背后的东西，而是包含在手势之中。梅洛－庞蒂声称：

> 我不需要为了理解一个愤怒或威胁的手势，而必须去回忆之前类似情形下我自己使用这个手势时的感受；我不会将愤怒或威胁的态度视作一个隐匿于这些手势背后的心理事实，我能直接解读这个手势。这个手势并没有让我想到愤怒，它就是愤怒本身。

当然，这并不意味着我们无法隐匿某种感受，或者说某种深藏不露的感情并不真实，而这种显露出来的感受才是真实的。

人类和动物都有一些内在的东西，但是这种内心空间通常不会被隐藏；相反，它是高度可见的。一般来说，我能看出你是高兴还是难过。内心也可以被隐藏，比如一个人会竭力戴着一个面具，试图不让自己流露出伤心情绪。然而，其实这种情绪也并没有被隐藏，不是因为它是属于某种“内在”的一部分，而在于它被刻意进行伪装，呈现出了一种与其内在相异的面貌。这种伪饰的面貌，不管其产生的后果是坏还是好，都很有可能会愚弄他人。

重点在于，我们对人类心理状况所做的考量同样可以应用到动物身上。但是，判定标准的不确定性越来越大。对于生活方式与我们截然不同的动物，界定是快乐还是悲伤的标准要困难得多。同样的道理也适用于判定来自异国文化的人。梅洛－庞蒂认为，情绪、表情以及二者之间的关系是灵活的。他指出，表达不同感受的方式因文化的不同而不同，这也意味着感受本身的变化。在他看来，在人类的感受和表达之间做出甄别，界定是出于“天然”还是“传统”非常困难，这两者相互交融，难以明确。

要理解这些，我们还要结合语境。如果你看到小孩子在哭，那么你可以问问自己他是因为哪里受伤了，还是因为他感到害怕；如果不了解哭泣发生的情境，就无法做出正确的判断。正如维特根斯坦所指出的："如果一个人在这样那样的情况下做出这样那样的行为，我们就说当事人很伤心。"他还补充道："我们也这么说狗。"维特根斯坦强调，我们的许多精神概念也适用于动物。鉴于动物行为和人类行为的相似性，我们说动物会高兴，会生气，会害怕，会悲伤，会犹豫或者会感到惊讶，它们能注意到一些事情，能进行调查或者做出思考。我们会说一些动物能够权衡利弊或者改变自己的主意。有趣的是，猫几乎总是会在门前的台阶上逗留，仿佛它们要彻底思考一番："我真的应该出去吗？还是待在家里呢？"狗通常会毫不犹豫地直接跑出去。它很可能会再次跑回来，但是不会在门口的台阶上多做逗留。此处使用像"权衡"或"改变主意"这样的词语也并没有太过夸张。所有这些概念都来源于心理学，用它们来描述动物也完全合情合理。在某些情况下，哪些术语是合适的而哪些不是，有时还不明晰；因为这些术语都和人类特征息息相关。孤独和无聊就是其中两个例子。与此同时，维特根斯坦也同样指出，我们的一些心理观念只适用于掌握了某种语言的生命体，这一点不足为奇。举个简单的例子，我无法用"诚实"来形容我的狗，原因很简单，因为它不可能是不诚实的。诚实和不诚实这种概念本就不适用于它的生活，也不能说它会感到嫉妒。不管怎样，使用语言的能力和其他行为一样，都只是一种行为方式罢了。

如果我说卢娜认为我女儿伊本在浴室里关着门，我并不是说在它的头脑中生成了“伊本在浴室里”的类似句式，而只是指它的行为方式和与它理解水平相似的人基本一致——会在此情形下做出同样的反应。我之所以认为卢娜相信伊本在浴室里，并不是因为我拥有读心术，能够深入解读卢娜的意识，而是出于一种微不足道的原因，就是它表现得好像知道伊本在浴室里一样。我们对动物了解得越多——从基于物种定义的习性和感官特征到具体动物的个体特征，我们对其认知就越牢靠。当我们两个物种之间具有更高的相似度时，这种认知就更牢靠；当我们去感知我们的同类，也就是其他人类时，这种认知最牢靠。

如果我们摒弃“意识是隐匿不可见的，只有语言才能将其揭示出来”这种观点（只有语言才能打破内在与外在之间的障碍），认识到内在是可以通过外在加以表露的，那么认为动物具有不同的意识状态也并非特别困难。这并不意味着在实践中不会出现解释方面的问题，因为我们并非总是知道如何去理解某种行为，但问题并不在于内在是“隐藏”不可见的。

当我们基于自己的经历去解读另一种动物的意识时，我们必须假设这两个物种显示出来的行为与意识之间有一个相当系统的联系。此外，我们能从神经学和意识的关系中汲取知识，但是在我看来，神经学的路径不如行为研究那么具有启发性。

美国心理学家格雷戈里・伯恩斯（Gregory Berns）在《狗狗物语》（*What It's Like to Be a Dog*）一书中写道，他解决了如何了解动物心理的问题。你只要训练狗安静地躺在功能性核磁共振成像仪（FMRI machine）前，仪器就会显示出狗的大脑的哪个区域在什么时间会活跃。这种方法令人生疑：不只在于伯恩斯认为通过研究大脑，人类就能获得一个直接的、第一人称的视角，还在于相对于意识而言，大脑本身就是某种外部的存在。比如，比起看到它在摇尾巴，我们能说通过观察它大脑中的活跃区域更能直观地感受到它的快乐吗？我想说，通过观察它的动作，它的快乐更显而易见、更容易感受到，而不是通过观察在特定情况下大脑哪个区域更活跃。

虽然我们对大脑与意识两者之间的关系所知甚少，但我们知道大脑的变化伴随着意识的变化，反之亦然。这并不意味着我们可以认为大脑和意识是相同的。大脑自身并没有意识，但是狗有意识。大脑无疑是狗可以产生意识的一个至关重要的前提条件，但也仅此而已。所有的意识状态都必须具有神经系统的基础，这是可以通过以下事实确定的，即大脑中某个特定区域的损伤会导致某种特殊的意识功能丧失。例如，我们知道如果大脑中被称为韦尼克区（Wernicke's area）和布洛卡区（Broca's area）的部分受到损伤，就会严重影响语言能力和语言理解能力。但这并不意味着语言能力只是一种局限在大脑特定部位的特定状态。问题在于，即便我们掌握了神经学层面上的所有相关信息，我们也不能在心理学层面上进行解释。每一层级都有自己的对象、法则和概念。不同的层级既不是完全独立的，也不能被简化为彼此。通过研究较低层级的现象，我们可以解释更高层级上的现象，但这只局限在有限的范围内。

意识的产生依赖于大脑、整个身体和身体周围环境之间的相互作用。虽然神经科学研究取得了巨大的进展，但我们往往高估了科学发现的作用，伯恩斯的书就是一个例子。认知神经科学的创始人迈克尔·S. 加扎尼加（Michael S. Gazzaniga）——同时他也是功能性核磁共振成像技术的支持者，指出关于大脑的图像有一种广为流传的迷信。此外，他还提到，研究表明，如果配上脑成像图，对于心理现象的解释就会显得更可信，即使这幅脑成像图与该解释之间没有任何关联。人们甚至认为，一旦配上脑成像图，那么即使是科学性较弱的解释也比更科学但是没有脑成像图的解释更可信。

即使我们找到了人类在某个意识状态下的神经关联，并且在另一个物种中发现了类似的神经关联，我们也不能轻易下结论说两者处于同样的意识状态之下。人类感受后悔这种情绪的神经基础的一个重要组成部分位于眼窝前额皮层，它就在大脑的前部。做出这种论断是基于观察到中风患者的这个区域有损伤后，他们在做出明显错误的选择后再也不会感到后悔了；也是因为我们观察到大脑这一部分完整无缺的人感到后悔时，这个区域会变得很活跃。我们知道，当老鼠选择了一种会导致不良后果的行为选项（明明可以有更优选择）时，其大脑中同样的区域也会变得活跃起来。如果老鼠选择的行为方式比当时可以选择的另外一种行为方式产生的效果差，在动作结束之后，它在回顾这个明显更优的行动方案时，其眼窝前额皮层这一区域就被激活了。这是否意味着老鼠感到后悔了？很难断言。对我们人类来说，后悔是一种非常复杂的现象，它与我们的语言能力紧密相关，会激起我们的内心独白，很难想象后悔与上述种种能力无关。为了便于讨论，让我们假设老鼠会感到后悔。那么问题来了：如果老鼠会感到后悔，那么它的具体感受是什么？除了感到不舒服之外，对于别的，我们似乎也所知甚少。如果老鼠能感到后悔，那么我们也有理由假设其他哺乳类动物（比如猫和狗）身上也有这种情况。此处，我必须承认，我从没有在我的猫身上看到过它们流露出任何表示后悔的迹象。它们在恶劣的天气里也想出去，然后下一分钟又再要求回家。我认为这是改变主意，而非后悔。那么狗呢？或许，通常意义上认为的狗所表现出来的“内疚”只是一种无关道德的后悔，它们不会为做了错事而感到内疚，而是后悔做了让主人感到不满的事情。

无论如何，在我们试图确定动物具有何种心智能力时，我们必须观察它们的行为。动物神经学方面的研究不能取代对它们实际行为的研究。如果有人相信我们通过研究动物的脑成像图就能了解动物，那么其荒谬程度不亚于我在吵架的时候对我妻子说：“虽然我不太明白你的意思，但我现在就去给你的大脑做个功能性核磁共振成像，这样我就清楚了。”

04

为什么我们喜欢把动物拟人化

养过宠物的人都会问自己一个问题，比如“我的狗狗现在在想什么？”或是“我的猫咪想对我说什么？”我们想穷尽一切可能去理解它们，或是让它们能理解我们。对于大多数宠物的主人来说，答案都是非常肯定的。双方都在某种程度上了解彼此——主人能清楚地知道猫狗的精神状态，而宠物也能在主人情绪低落的时候给予主人安慰和陪伴。这是业余爱好者谈论动物时的思路。如前所述，“业余爱好者”的意思是喜欢动物的人。在业余爱好者与他们的宠物之间，存在着一个情绪维度，而这一点在一个专业人士那里是不存在的。业余爱好者在谈论动物时，通常会使用人类心理学的术语。他会试图用拟人论（anthropomorphism）来形容动物。拟人论这个词来源于希腊语 anthropos（人类）和 morphe（形状），意思是将人类形态赋予某物。业余爱好者在描述他的狗或猫时，经常会使用类似的字眼，比如狗在“思考某事”，它“嫉妒”“忧伤”或是“孤独”等。但是，许多哲学家和博物学家会尽量系统性地选择避免使用此类表达方式。在他们的概念中，动物是自然界的一部分，因而只能被解释而不能被理解。生物学家只是想解释动物的行为，而不是去了解它们的意识。如果非要指摘有关动物的现代研究中有何特别不合逻辑之处，那就是“神人同形同性论”（anthropomorphism）。第一个提出这种观点的人是古希腊哲学家色诺芬尼（Xenophanes），他批评荷马史诗中的神都具有人形。他质疑我们是否可以用人类之外的形象来塑造诸神；这同样适用于动物。

19 世纪的生物学界很注重研究动物的感情和精神生活。查尔斯·达尔文就是其中一个代表。1872 年，达尔文出版了一部传世之作《人和动物的感情表达》（*The Expression of the Emotions in Man and Animals*）。然而，我们从这些研究中也可以汲取一些教训。乔治·罗曼斯（George Romanes）是达尔文的研究助理，他向世人展示了如果或多或少地放任拟人论肆意应用，那么事情会变得多么糟糕。关于动物的行为，罗曼斯讲述了一些非常富有想象力的故事，他假定动物或许处于相当先进的意识状态才能做出类似的行为。除此之外，他还讲述了一只中了枪的猴子的故事，它将双手涂满了自己的血然后举起来给猎人看，以此激起对方的内疚感。我们确实没有理由假设猴子对“内疚感”有任何概念，更没有理由认为猴子能明白当它做出上述举动时会在人类心中激发出怎样的情绪。

正如达尔文任命罗曼斯为他的继承人一样，罗曼斯指定C. 劳埃德·摩根（C. Lloyd Morgan）做他的承继人。摩根明确表示，我们应该对罗曼斯提出的那些不可思议的描述持更理性的态度。因此，他提出了一个原则：如果我们可以把某种行为解读为一种低阶心智能力的产物，那就不必将其描述为更高阶的心智能力的产物。举例来说，这就意味着如果同一种行为既可以被解释为本能的产物，也可以被视为推理的产物，那么人们就应该倾向于接受第一种更简单的解释。这一原则被 20 世纪的动物研究者奉为圭臬，而在 20 世纪，研究动物的感受和精神生活的人已经越来越少了；即便有类似的研究，也通常被认为是不科学的。值得注意的是，摩根本人也并不希望他的原则被如此简单粗暴地解读。他相信有足够的证据可以表明许多动物有高阶的心智能力，可以将它们的行为合理地描述为具有高阶品质。他认为，动物科学家们应该使用来自人类自身意识的术语和感觉，并且认为动物应与此类似。正如摩根对他的原则所做的阐释，毫无疑问，他认为有理由相信他的狗拥有高阶意识，但也有明显的局限性。他毫不怀疑他的狗非常聪明，但却不认为它具有抽象思考能力；它当然有同理心，但不知道何为公平。在《动物的生命与智慧》（*Animal Life and Intelligence*）一书中，他写道：

> 狗同情人类，这一点是毋庸置疑的。任何一个了解这些四条腿的朋友的友谊的人都不会否认这一点。有时，它们似乎是本能地领悟我们的情绪：我们忙碌的时候，它们在一旁沉默相陪；我们忧伤难过的时候，它们把毛茸茸的脑袋枕在我们的膝盖上；我们开心愉悦的时候，它们又急匆匆地想去户外呼吸新鲜空气。它们的感受是如此敏锐。

基本上，摩根的学说是对恣意发展的拟人论的一个很好的补救。遗憾的是，这一补救矫枉过正，它导致了对把“更高”的特征归于动物产生了一种近乎滑稽的抵制。问题在于，它阻止了一个人在理解某些事情的时候应该做的最基本的考量，也就是给予他所要了解的现象以公平待遇。动物学家和动物行为学家弗兰斯·德·瓦尔（Frans de Waal）创造了人类例外论（anthropodenial）这个说法，用于描述与拟人论之间的冲突。这一表达意味着无视人类与动物之间的所有相似之处，只是因为这是不可想象的或是不科学的。

然而，这种更严苛的解释的后果在于，动物在其本质上被视为某种与自动售货机无异的物品，我们无法了解其内心世界，只是我们给它一个刺激后，它能随之做出反应而已。最近几十年风向又有所转变，尤其是自从美国生物学家唐纳德·格里芬（Donald Griffin）在1976年出版了《动物意识的问题》（*The Question of Animal Awareness*）一书之后。风向的转变意味着对不同原则的接受度在提高：只要是对动物行为最合乎情理的解释，我们就应该赋予动物更高的心智特征。在很大程度上，我们可以称其为对达尔文在《人和动物的感情表达》一书中所列的研究项目的重现。达尔文指出，人类和动物有基本相同的感官：视觉、听觉、嗅觉、味觉和触觉。动物可以模仿和记忆事物。他还进一步指出，就像人类一样，动物也能感受到欲望、勉强、快乐和沮丧。直到现在，大多数人依然赞同这一观点。然而，罗曼斯的错误观点仍然是深入人心的，很多人反对像达尔文那样将慷慨和羞愧等品质赋予动物。

如果我说我的狗正在悄悄地靠近一只鸽子以便抓住它，那么我这么说是没有错的，因为我在描述中没有提到任何有关狗的心理特征。我进一步说狗正在调整自己的姿势，好让鸽子飞到它能够得着的范围：如果我这样说就更没错了。但是，如果我说我的狗希望或者想要抓住鸽子，我的说法就可疑了，因为我用的概念都来自人类的心智意识清单。顺便再多说一句，我的狗卢娜从来没有成功地捕获过一只鸽子，它也永远不会成功。也许我使用“希望”或者“想要”这种概念，只是把自己的想法投射到了卢娜身上，因为毕竟我不知道它在想什么。此外，我只要通过观察就能知道它的行为。所以，只是描述它的行为而不是费力地去揣测它的精神状态是最安全的做法。然而，这种策略却有点不尽如人意；它持续不断地清楚地向我表明它是有意识的，对于这一点，我看得跟它的动作一样真切。

如果我说“卢娜很幸福”，那么我就赋予了它一个源自人类心理清单的心智能力。我可以通过这种表述来规避指责：“我们可以这样理解，如果卢娜是人，那么它的行为表现得像是它感到很幸福。”但这种长篇大论毫无必要，而且显得很愚蠢。当然，我不知道“卢娜式幸福”和“拉尔斯式幸福”是不是一致的，但是我有充分的理由做此假设。就此而言，我不知道我所体验到的快乐和别人体验到的快乐是否相同，当然你的快乐和我的截然不同，这也是可以理解的；但显然，我有更好的理由认为，两者通常是相仿的。在这方面，生物学上最近也有所修订，让你在描述动物，比如“快乐”和“生气”时无须再用引号。因此，生物学的观点和业余爱好者的观点就此达成了一致；或者说，你也可以将其称为常识。我希望在哲学方面也能如此。

假设你的狗在追赶一只猫，而猫爬到了一棵树上，你的狗则站在树下吠叫。最简单的解释是这条狗认为猫就在树上。与此同时，此处我们采用了拟人论的说法，是因为我们说狗“认为”如何，这是人类心理学中的一个概念。狗在想的很多事情对我来说一目了然，比如它想要食物或想出去散步等。它的行为清楚地表明它满怀期待，但是和我们人类一样，它的期望也会落空。比如，当我打开放着它的食物的抽屉去翻找别的东西，却没有给它拿些吃的时，它就会感到失望。我在描述狗的时候，使用“信仰”和“期待”等诸如此类的表达也没有什么不合理的。与此同时，我们还必须承认，它的想象力与我们人类相比要略微逊色。它的思想显然是和现在联系在一起的，它不会期待我明天能旅行归来，原因很简单，因为它没有“明天”的概念。但是它能做到盼望我尽快进门，因为它能辨识出我上楼的脚步声。

就动物向我们流露出的感情和意图而言，我们的态度应该更开放一些，明白我们人类与其他动物之间仅在一些重要方面有所不同。如果你试图不去使用任何拟人论来描述动物的行为，那么就只剩下了一堆毫无意义的、缺乏内部语境的描述动作的词语。

使用这些“人类”术语会创造出某种语境，因此还会生成意义。这是我们唯一可以理解动物的方式：从我们自己的心理、感知和感受出发。然而，在试图去了解动物的时候，也要考虑到生物学意义上的解释，这一点也是至关重要的。这样一来，我们就可以防止拟人论的滥用，防止将一些没有根据的人类特征盲目地用到动物身上。我们的目标是将这两种观点，即业余的和科学的观点结合在一起。

大多数宠物的主人会声称他们真切地理解自己的宠物，他们可能是对的。在一个实验中，在观看静态图像和电影剪辑之后，宠物的主人被要求描述出狗或猫的情绪状态。在描述中，这些宠物的主人在很大程度上使用了拟人论。此外，还有一个对照组也参与了实验，这些被试基本上几乎没有与动物相处的经验。为了评估被试描述的成功程度，三位动物行为学家（在自然环境中研究动物的研究人员）被要求将答案判断为“非常可信”“可信”或“不可信”。结果发现，对这两种动物都熟悉的人总是能得到“非常可信”的评价，而只养过其中一种动物的人得分稍低；但是即使是没有养过宠物的那组，得到的评价也不错。这些充满了拟人论的业余观点和专业观点不谋而合。

当一条狗是什么感觉？这是一个奇怪的问题。当一个人又是什么感觉？这些问题在本质上有什么不同吗？一个主要的不同在于，我拥有作为人类的体验，但是未曾做过狗。就像我问："当一个女人（或者是一个瑞典人、水管工、职业网球手、小学老师或者护士）是什么感觉？"我对上述种种身份都没有任何体验。不同之处在于，不管是女人、瑞典人、水管工、职业网球手还是小学老师或者护士，他们都能用正常的口语告诉我自身的体验。狗也只能大概告诉我作为一条狗是什么样的。在很多情况下，我通过解读它的叫声、姿势或者我们在散步时它想去的方向来了解它的偏好。我能看到什么吸引了它的注意，什么让它感到快乐、沮丧或惊讶，但我不能采访它，问它如何看待自己和周围的世界。

一方面，我可以通过解读狗的行为来理解它，我必须把狗看作和我类似的某种存在，以此来考虑如果我置身于它现在所处的情景该当如何。另一方面，我必须考虑到狗毕竟是狗，而不是一个人。例如，我们有充分的理由认为，学习读写是人类的一项权利，而不是狗的。在某种意义上，人们可以认为所有的动物都生活在它们"自己的"世界里。考虑到这一点，我们永远无法理解其他物种的动物。动物将生活在它自己的世界里，而我们则有自己的世界。然而，这些世界之间的边界是可渗透的，允许我们部分地进入其他物种的世界。

我们必须从动物行为与我们自身行为之间的相似之处开始。如果行为相似，那么认为行为背后的意识状态也是相似的则不无道理。大卫·休谟写道：

> 动物对我们的行为做出的动作反应同人类有某种相似之处，因而我们认为它们的内在也必跟我们趋同。根据同样的推理原则再向前推进一步的话，我们就会得出这样的结论，即既然我们的内在彼此相似，那么产生这种行为的缘起也必同样趋同。因此，当任何假设被提出来用以解释人类和兽类所共有的心理活动时，这一假设必须对双方都适用。

从这一点出发，他得出了结论："在我看来，野兽天生被赋予了和人一样的思想和理性，这一点是显而易见的。"不过，在这里表现出更大的怀疑却再正常不过了，并且我们需要来自其他物种的更多的积极证据，以确定动物的确堪称拥有这些品质。

为什么我们对证明动物拥有意识和思维能力的要求比我们对人类做此证明的要求更高？可以这样说，人类拥有语言，而语言就能证明意识的存在。然而，语言并不能完全解释这种差异的存在，因为我们也认为没有语言能力的人，比如说还没有学会某种语言的幼儿同样拥有意识。如果我们在看待前语言期的幼儿时采用的标准和研究动物时一样严苛，那么我们也会认为幼儿没有意识。重点不在于我们需要提升衡量人类是否拥有意识的标准，因为如果我们时时刻刻都要提醒自己周围确实都是具有意识的人也未免太过荒谬了；而在于我们需要在评价动物的时候放宽标准，不要太过严苛。我们应该不需要确凿无疑的证据，只要能站得住脚就可以了。

人们也可以为拟人论的使用辩护，而不必假设某种动物到底拥有何种意识。美国哲学家丹尼尔·丹尼特（Daniel Dennett）做到了这一点，他声称这只是一种卓有成效的解释和预测行为的策略。在听到食品柜打开的声音时，狗就会跑过来；丹尼尔并不在乎此时狗是否“想要”或“期待”食物。狗是否拥有任何想要或期待的能力是无关紧要的。重要的是，我们可以用这样的方式来解读它的行为，即“它跑过来了”；可以预测未来的行为，即“下一次再听到这个声音时，它还会跑过来”。所以，你可以通过描述狗仿佛真的拥有意识状态来解释和预测它的实际行为。然而，我们宁愿拥有更多“仿佛”之外的东西。我们想知道狗是否真的拥有这些意识状态，而丹尼特认为这是一项毫无意义的任务。在这一点上，我不得不说我持有不同的观点。我们无法证明狗拥有意识，有感知和偏好，正如我们无法证明人类拥有意识一样；但是我们有更好的理由去推测动物也拥有意识，而不是相反。

05

非人类动物有心智吗

人类特别擅长做心智解读，以至于我们在没有思想的地方也试图进行解读。在20世纪40年代的一项著名的心理学实验中，研究人员向34名被试展示了一个短片，屏幕上有一个大三角形、一个小三角形和一个小圆形围绕着一个矩形移动，它们可以围绕着矩形任意进出。被试被要求描述自己看到的东西，除了一个人之外，其余所有人都对这些符号进行了拟人化描述，仿佛它们有意识，也有目的。被试之所以这么描述，是因为如果不这样做，这些任意移动的几何图形就只会在他们的头脑中生成一连串稍微有点混乱的图像的意识流，不具有任何重大意义。一旦将这些符号拟人化，被试就可以将这个短片看作一个爱情故事。对于这个实验的其中一个解释就是，一件事情越是不可捉摸，我们就越是倾向于赋予其一种意识和目的，这样我们就能把这种明显的随机行为放到一个我们可以解读的语境中。

我们有一种高度发展的能力，即能揣摩和理解他人的思想。在心理学中，这种现象通常被称为心智化（mentalization）。你可以说这是我们人类这个物种最重要的特征之一，因为这是真正的社交智能的先决条件。然而，这一特征也有失控的倾向，比方说我们可能会将毫无意识的行为解读为某种意识表达。我们还会对完全没有能动性的物体做出解读，仿佛它们是可以产生独立运动的个体。比如说，在电脑宕机或者汽车发动机失灵时我们会很生气，会大爆粗口，尽管这些物什很显然并没有意识。

有时我们也会犯相反的错误，即我们有时候会认为对方没有意识，但实际上恰恰相反。直到 20 世纪 80 年代，医生在为患病的婴儿做手术时都很少对其实施麻醉。其中一个原因是为婴儿实施麻醉的风险比成人要高，另一个原因则是有人认为婴儿感受疼痛的能力微乎其微，甚至根本不存在，因此没有必要冒险实施麻醉。如今，人们普遍认为婴儿感知疼痛的能力非常发达，因此在被认定会产生疼痛的手术步骤中会对其施行麻醉。医生怎么会犯这样的错误呢？毕竟，婴儿表现出的行为表明他们正处于痛苦之中，医生能够看到这一点，但是因为他们对婴儿有其他的认知，所以他们将这种行为解释为好像这并非疼痛的真实表达。

一些哲学家也曾出版过有关动物的著作，他们也得出了类似的结论：其中最臭名昭著的当属法国哲学家笛卡尔（René Descartes，1596—1650）。笛卡尔认为，如果将人类行为和动物行为进行比较，就会发现其中有许多相似之处，但他声称这与内心行为无关。外部行为的相似性并不意味着内心行为的趋同。动物被提问时毫无反应，它们的行为比人类行为更有规律。笛卡尔认为意识唯一确定的标志是语言；反过来，语言的缺失则充分显示了意识的缺席。他还声称，如果你接受动物能思考这种说法，那么你就必须接受所有动物都能思考，包括牡蛎和海绵。既然认为牡蛎和海绵会思考这一说法是荒谬的，那我们就必须断定任何动物都不会思考。他在一封信中写道，动物看待世界的方式与我们不同，它们的方式与我们魂不守舍、心不在焉的时候看世界的方式类似：当有光照射到我们的视网膜上时，我们的身体就会无意识地做出动作。这使得我们得出这样一个结论，那就是动物是有意识的，但是我们无法让它们意识到自己有意识。尽管如此，拿动物的意识和心不在焉的人类进行对比，未免还是太过牵强了，因为笛卡尔的看法是动物不存在任何意识。动物被简单地视作一台自动售货机，一旦受到外部刺激就会产生行为，但却不涉及任何意识。根据笛卡尔的理论，疼痛是一种伴随着身体运动的意识现象，但对动物而言却只有身体运动本身，而没有相应的意识状态。他承认动物和人类一样有感受疼痛的生理条件，但它们缺乏对痛苦的意识。1649 年，笛卡尔在给亨利·莫尔（Henry More）的信中写道，尽管他发现这一说法广为流行，但是无法证明动物也具有思维能力，不过迄今为止我们也无法证明动物没有思维能力，因为“人类思维无法深入它们的内心世界”。因此，他对此处提出了质疑。笛卡尔对动物的特殊观点不能用他从来没有接触过动物来解释，因为他有一条叫“肝先生”的小狗，笛卡尔显然很喜欢它，也喜欢带它一起去散步。

笛卡尔关于动物的观点在业内流行了很长时间。例如，法国生理学家克劳德·伯纳德（Claude Bernard，1813—1878）就拿一些狗和猫进行了活体解剖，并且没有采取任何麻醉措施。他残忍地对动物动刀，罔顾它们痛苦的尖叫和绝望的挣扎，因为在他眼中它们与机器相差无几。有一次，他的妻子和女儿回到家中，很恐怖地发现他们家的狗也被拿来做了解剖实验。当然，这段婚姻并没有继续下去，在他们分开后，他的妻子满怀热忱地投入了反对虐待动物的运动之中。在伯纳德看来，这都是一些微不足道的多愁善感，不能让其阻碍科学进步。

类似的想法在今天尚有余波，并未销声匿迹。美国动物学家彼得·卡拉瑟斯（Peter Carruthers）声称，动物缺乏意识，因此根本感觉不到疼痛，所以我们应该停止对它们所抱有的同情。他的观点是斯多葛学派看待动物的观点的现代版本。古代的斯多葛学派哲学家们声称动物与“会游荡的食物”无异。事实上，他们相信动物完全没有感觉。这与他们的认知有关，比如他们认为，看到一只猫就意味着在感官系统的基础上做出判断——你看到的是一只猫。但是只有当你有能力说话时，你才能做出这种判断。因为狗没有说话的能力，所以即使它的眼睛能瞄准一只猫，它也看不到它。语言的缺失意味着动物无法被理解，只能被解释，因为它们并不存在需要被理解的心理。

很多哲学家不认为动物具有意识和思维能力，这一点令人感到很诧异。我丝毫不怀疑我养的狗和猫会思考，但是我并不总是清楚它们到底在想什么。这也适用于和我一起生活的人，不管是孩童还是成人，有时候我甚至都不清楚自己的想法。然而，在这三者之间还是有区别的。通常来说，我会迅速地沉浸在自我之中，根本无暇质疑在自己的意识中正在发生的事情。我可以沉浸在自我的感受之中，这既不同于其他人，也不同于动物，这是一种感受自我的即时性。假如我去聆听一场音乐会，我感到很震撼，这种感觉会让我的身心产生共鸣。这场表演真的富有感染力，但是我却无法清楚地说出其中蕴含的意义到底是什么。我可以看看我身边的这个人，他可能是我再熟稔不过的一个老朋友，自十几岁的时候起我们就一起去听乐队演奏。我看着他的笑容，他脸上的表情和他的手势说明他同样受到了强烈的感染，我们能够分享彼此的感受。然而，我们永远无法做到彻底地交流，原因无他，只是因为我无法俯身进入他的意识。究其根本，这种体验具有某种私密性，不足为外人道也。思想和感受都是自己的，别人永远不会感同身受。

如前所述，在其他人的行为方式中有一些本质的东西让我觉得他们是有意识的，而这些东西首先不是那些外化的身体状态；相反，我们会立即把他们当作有意识的。在通常情况下，我几乎能立刻理解他们，尽管有时候有些人会故意隐瞒自己的意识。我们都有一些不想跟别人分享的想法和情绪，因为我们根本就不想承认这种想法和情绪的存在。然而，我们通常只要通过注视着某个人，就可以体察对方的情绪；如果我们对此不太确定，也能够相互询问，并得到相当清晰的答案：这一点与动物是不同的。

我们不能简单地问动物它们在想什么或者情绪如何，而要解读它们的肢体语言也并非一件易事。然而，通过与动物互动，人类可以发展出解读动物行为的能力。例如，那些经常与狗互动的人就不可能注意不到狗经常摇尾巴，这一动作意味着此时它很高兴（当然，也并非总是如此）。摇尾巴可以具有多种意义，这取决于当时的具体情形以及它摇晃的速度是慢还是快，尾巴更多地指向右还是左。狗的主人通常无须考虑再三之后才能对这些行为做出解读，但是这些人如果遇到猫也做如是解读，那么估计他们会后悔。如果把不疾不徐地摇尾巴的猫解读为友好或者愉悦的而非愤怒的，那他可能马上就会面临被猫挠伤的风险。当一条狗把头趴在你的大腿上时，你可以肯定，它这是在向你寻求宠溺；但是如果大象也有同样的企图，那么你最好赶快离开，越快越好，因为它想用前额压你，把你杀死。

就我自己的感受和我对他人的感受而言，这两者有显著的差异。我自己的感受既有外部体验，也有内在情绪，而我只能体验到别人表露在外的东西。从严格意义上来说，大象的例子表明我们没有人会读心术。

我们如果不了解一些大象行为的相关知识，就无法一眼看穿大象的意图。我们所了解的只是大象的身体、动作和声音。我们能立即明了的是它有意图，但是需要更多的背景知识来明确它的意图到底何在。一头大象、一条狗或一只猫的意识就像其他人的意识一样，对你来说都是隐匿的。它们的意识就在你眼前，表现在这些动物的外在动作上。只通过大脑去搜寻意识会导致误解。

意识是我们的身体和我们所拥有的世界的中心。我们无法指出自我的具体位置，但如果非要给出一个定位，那么我们不得不说，自我和我们的身体是浑然一体的。康德在他的早期作品《视灵者的幻想》(*Dreams of a Spirit-seer*)中声称，如果我们试图指出灵魂在何处，我们就得说："我感觉到的地方，就是我所在的地方。我就在我的指尖，就像我在我的大脑里一样……我的灵魂在我的体内完整存在，也散布全身各处。"有意识就是借助身体这个介质生活在这个世界上。意识是可见的，你也有看到它的能力。它也以不同的可见的方式呈现着，比如你能看到一块石头或一把椅子。意识是可见的，但必须被理解。我们可以说它是可见的，因为它可以被理解。

我们人类是拥有巨大大脑的脊椎动物；我们能提出想法，能很好地解决问题，可以说还有许多其他动物在这一点上同我们极为相似。既然我们和这些动物有这么多共同的进化史，那么似乎将我们人类的某些品质（不仅局限于意识）同样赋予它们也就不无道理。要理解动物的意识的一个先决条件就是，我们人类与动物之间具有共通的心理特质，这样就能基于人类自身的心理基础去理解动物；即便我们可以进行心智解读，我们也必须考虑到这两者的不同之处。人类和动物在生物性、行为和关系方面有很多共同之处，因此两者有一些共通的心理特质也就不足为奇了。

我们有五种类型的标准（部分标准之间还有重叠），这些标准让我们有理由相信一个有机体有意识、偏好和意图等：（1）语言；（2）行为，包括使用符号、声音和气味等进行的非语言交流；（3）学习和解决问题的能力；（4）与人类神经系统的相似性；（5）与人类在进化方面的相似性。虽然所有这些标准的界限都很模糊，比如说，我们应该如何定义语言就并不清晰，但是却让我们有理由相信不同的动物都拥有一些此类能力。树木和植物不满足以上列举的任何标准。虽然有些人会说树木和植物可以交流，甚至拥有自己的语言，但是语言和交流的外延太过宽泛，并没有理由据此认为树木和植物就有意识。一些动物只符合其中一两项标准，一些动物能满足大部分标准。正如我们所看到的，我相信除了人类以外，没有别的动物的“语言”能满足语言的定义。实际上，某种动物符合其中的几项标准并不意味着它就比其他不符合标准的动物“更具有意识”，因为就前者而言，如何来界定它符合标准这一问题也令人存疑。

海星没有大脑，所以没有什么理由可以赋予它们一种意识。话虽如此，但我们还是禁不住会认为它们具有意识，因为在我们看来事实仿佛就是如此：它们的行为看起来如此刻意，以致我们通常也会将此归因于海星具有意识。还有一个巨大的灰色地带，有意识的动物与没有意识的动物之间的界限尚未分明。2012 年，神经科学领域的许多研究人员签署了《剑桥意识宣言》(*The Cambridge Declaration on Consciousness*)。该宣言声称："很多人类之外的其他动物，包括所有哺乳类动物、鸟类以及章鱼等，均拥有产生意识的神经基础物质，而且很多动物都表现出了明显的有意识的迹象，现在谁想否认这一点，就得承担举证责任。"

澳大利亚哲学家彼得・戈弗雷–史密斯（Peter Godfrey-Smith）使用了太平洋巨型章鱼作为论据的出发点，认为"意识是一种非有即无的存在"观点是错误的。所有人都认为人类具有意识，大多数人会认为黑猩猩和海豚也一样。但是，很少有人会认为蚂蚁有意识。大量的动物物种是介于这两者之间的：它们在不同程度上显示出了具有意识的迹象。将意识分为不同等级会产生一个问题，即界定何为"轻微的意识"并非一件易事。有一定程度的记忆是一回事，但是对疼痛有"轻微"的感受则是另外一回事。要么你能感受疼痛，要么你无法感受疼痛，这样说似乎很自然。然而，戈弗雷－史密斯指出，如果我们把意识看作在整个进化历史中不断发展的存在，那么把它看作一点点发展起来的才是最合理的，而不是之前一直不存在，某一天才突然完整地出现在一个生物体中。正如我们所知，借由意识，我们能对外在现实形成一种内在意向，这大概是主观经验能力的进一步发展。假定许多并不拥有人类意识的动物也能感受到疼痛和饥渴等基础现象，或者能体会到在水下待了太久之后需要空气，也并非不合情理。这些都是我们自己能体验到的感受——它们与我们形成对外部世界的一个或多或少的客观形象的能力相结合；但是如果认为我们无须拥有这种能力就可以产生类似的感受，倒也并非不合情理。我们能看到，鸡和鱼一旦受伤，它们就会选择含有止痛剂的食物，即使这种食物它们不喜欢吃，并且它们喜欢吃的食物就近在眼前。这说明它们能感受到疼痛，并可以选择能减轻疼痛的食物。鸡能感受到的疼痛是什么样的？这很难说；基本上，我们也只能将这种感受同我们人类能感受到的疼痛相比较。

然而，在我们讨论意识时，区分不同类型的意识很重要。美国哲学家内德·布洛克（Ned Block）在他所谓的现象意识（phenomenal consciousness）与取用意识（access consciousness）

之间做了区分；取用意识的意思是一个生命体具有精神状态，这种状态既能影响其他个体的精神状态和行为，反之也能被影响。想象一下，当你的手碰到一个热的加热板时，你立刻就会把手拿开。它发生得如此之快，以至于你并没有真正意识到疼痛。我们可以说，疼痛是你取用意识的一部分，因为它导致了缩手这种行为，尽管你还没有感受到有关疼痛的意识体验。随后你的注意力转移到了疼痛上，因此你能感受到疼痛了；那么这种疼痛就是你的现象意识的一部分。现象意识意味着某个生命体是如何成为该种生命体的，这种生命体是如何体验自己的精神状态的——此处是指感受到疼痛的状态。

个体也许拥有取用意识，但是不具备现象意识，我们可以举一个医学案例来做进一步说明。比如某位女性，假设其代号为“DF”，她因二氧化碳中毒而使大脑受到了损伤。更确切地说，她丧失了看物体的形状和位置的能力，她所能看到的只是非常模糊的色斑。如果你让她描述她身处的房间、房间里的物品以及物品的摆放，她是说不出来的。然而，她可以毫无障碍地在房间内穿行，而且不会碰到任何障碍物。她也可以毫不费力地将一封信塞进一个狭窄的小槽，即使当插槽被调整到不同的角度时，她也不会有问题，但她却无法感受到看到裂缝的体验。她的取用意识良好，能生成感官印象（sensory impressions），并能完成预期的行为，但她却无法感受到这些感官印象。

更复杂的是，我们还要进一步甄别现象意识的一阶和高阶理论。一阶理论认为，现象意识包括对自己以及对周遭环境的一种感知。这种感知在动物王国普遍存在，或许一直延伸到昆虫这种生命层级。问题在于，这种理论是否充分体现了现象意识的含义；高阶理论的拥趸者对此则不以为然。他们声称，这种状态必须是生命体能够感受到的状态，以这样或那样的方式主观表达出来，并且能以某种特定的方式感受到。这可能是对现象意识更合理的解释，但如果那样的话，就意味着现象意识是动物王国中一种非常罕见的现象。

同样的行为，比如保护受伤的身体部位，既可以通过假设该生命体只有取用意识来解释，也可以通过假设它们也有现象意识来解释。孤立地说，这种行为本身没有提供任何依据，能够供我们判断哪个解释是正确的。就那些与我们有关的动物来说，我们也可以从人类身上体现出来的现象意识的神经基础出发，以神经系统发现为指导，再看我们是否能在其他动物身上找到相似之处。它给了我们假定理由，相当一部分动物物种，起码是所有哺乳动物有“现象意识”。那么，那些和我们的关系不是很密切的动物呢？除了某些种类的章鱼之外，任何无脊椎动物都拥有现象意识这一说法值得怀疑；毕竟差不多 98% 的物种是无脊椎动物。例如，我们没有理由假设甲壳类动物具有高阶的现象意识，因为它们不具备我们通常认为的要形成意识所必须具备的神经能力。与此同时，举例来说，我们有理由相信螃蟹能感觉到疼痛，因为螃蟹有疼痛感受器，它们表现出来的行为也显示了它们试图避免任何会引起疼痛的事情。换句话说，它们似乎拥有取用意识，但不一定拥有现象意识。所以，它们能感受到疼痛，但却意识不到自己的感受。对我们来说，这是一种什么样的感觉是难以想象的，因为我们的疼痛意识都沉浸在现象意识中，但是热的加热板这个例子或许给了我们一个提示。然而，我们也从人类的经验中了解到，疼痛的情感面向（affective dimension，它是非常令人不安的）与它被注意到的不同。据说那些大脑部位受过损伤的人能注意到疼痛，但是他们对此却不以为意。

然而，作为经验法则，我们应该说，如果在某种我们明确知道人类会感到疼痛的情境下，动物在其中也会做出类似反应，那么我们就应该假定动物也会感到疼痛，而且这也会给它们造成困扰，除非我们有充足的理由相信这种动物没有体验疼痛的神经系统这一先决条件。但在昆虫中并未发现此类行为。昆虫在受伤后，只要身体状况允许，就依然会照常进行日常活动。比如，即使整个身子被拦腰斩断，它们也会继续进食，哪怕食物会从身体里流出来。由此判断，它们感受不到疼痛，但对我们和许多其他动物来说，疼痛是非常真实的存在。

06

如何评估动物的智力

在我们判定动物是否能进行思考或如何进行思考时，会碰到一个问题，那就是我们所谓的思考到底为何尚无定论。我们对于思考的定义起源于人类生活，甚至就这一点来说也尚未明确；但有一点是足够清楚的，那就是我们能够在日常语言中使用这个概念而不会产生明显的误解。如果你问我："你在思考些什么？"我不会去想你所说的思考究竟为何意。但是，当我们用这个词来表达动物的智力活动时，就会产生问题。如果我说小龙虾不会思考，我的意思就不甚明确了。问题在于：我到底想表达它不会思考什么？当然，小龙虾甚至连最简单的数学题，比如"7 + 5 等于多少"都解答不出，也不会读书写字。但是，拥有这些能力就等于会思考吗？这些活动都是可以用来证明会思考的例子，但没有这些能力的人仍然被认为是可以进行思考的，所谓的狼孩就是一个例子。这其中一个著名的例子就是阿韦龙野孩（Wild Boy of Aveyron），他是在 1800 年 1 月 9 日被人在法国圣塞宁的森林中发现的。他当时大约 12 岁左右，不会说话，经常毫无预兆地起身当众大小便，如果有人给他穿上衣服他就会撕个粉碎。这个男孩后来被人称为维克多（Victor），他还经常去咬那些靠他太近的人。他和周围的人在一起只不过是为了满足他最基本的生活需求。维克多是一个原始人，但大多数人会倾向于认为他会思考。我们必须扪心自问，就表达思想而言，维克多和那些在森林里同他一起长大的动物之间有什么根本区别吗？似乎没有。所以，我们已经把这种思考的概念延伸到了动物王国，但是我们应该止步于何处？蛤蜊不可能思考，这一点是毫无争议的。然而，很有可能所有的哺乳动物都能思考，包括各种鸟类和一些章鱼。这一论断的证据在于它们都有能力解决问题，并且能根据周围环境调整自身行为，这一点蛤蜊就做不到。这些群体之间的差异是巨大的，我们能否在动物王国之中就能进行思考和不能进行思考画一条明晰的界限，这一点更让人怀疑。因此，我们必须满足于一个模糊的界限，这是我们最好的选择。

有许多压倒性的充分理由可以证明许多动物会思考，至少哺乳动物和其他一些物种是这样的，但是也有充分的理由可以断言它们没有语言。这也适用于少数训练有素的个体，比如黑猩猩华秀和大猩猩科科，它们有使用符号的特殊能力。

如前所述，我怀疑将语言能力归于它们是不是合理的，因为我们通常都能理解语言。我要表达的是，在动物王国里，在人类之外的物种中，也会产生很多思考，而这种思考不需要用语言作为媒介，可以通过某种非语言媒介产生。虽然我们很难了解这应该是一种什么样的媒介，但我们可以想象，比如，它是一种心理图像的形式。

我们注意到，黑猩猩在寻找有关某个问题（主要是关于食物的问题）的解决方法时，感觉是经过了深思熟虑的样子。如前所述，我们不需要知道它们是怎么想的，但可以假设它们可以在想象中看到物体——它们可以解构、重新组合、四处走动、进行比较，这是一个多维度的内心世界，也许就像一部电影。虽然我们可能永远无法确切地去验证这样一个假设，但是如上所述的情况也是可以想象的，这个说法也可以让人接受。这些图像或电影的内容不一定能被翻译成正常的口头语言。大多数人会认同这样一种说法：一幅画可以包含无法用正常语言表达的内容；同样，动物头脑中的精神状态也不能被直接翻译成正常语言。我们人类也拥有这种非语言的思维方式，这就使我们能对动物的非语言的想法产生共情成为可能。就像德国哲学家汉斯 – 格奥尔格·伽达默尔（Hans-Georg Gadamer）及其他人所说的，在这种情况下，语言就不是“一种通用的媒介”。话虽如此，我们必须考虑到人类的理解本质上是借由语言产生的。如果智力被认为是一种解决问题的能力，那么没有明显的理由表明它一定要求具备语言能力。相反，我们发现，对于很多物种来说，这种解决问题的能力无法归因于语言能力。

对不同动物的智力进行评判与比较有些困难，因为我们尚不清楚应该用什么标准来评估智力。任何智力都应该被视作与生物个体生活的环境相关，而生物个体生活的环境迥然不同。简而言之，问题在于没有中立的标准。在没有任何标准的情况下，我们只能进行比较性评价，而这些评价要先树立某些更好地适合一些动物的框架。对于智力的标准并没有一个无可争辩的正确答案，动物聪明与否取决于我们使用何种标准。我们总是可以就两个物种解决某种特定类型的任务的能力来进行比较，然后发现某一物种在某一方面的能力要比另一个物种强得多。但是，解决特定类型的任务的能力并不是一个中立的标准，这种能力对某个物种的生活而言可能比对另一个物种来说更重要。

除了人类的标准，我们没有任何其他的智力标准，任何或多或少有智慧的生命都可以参照这个标准。这个标准应该怎样树立则是另外一个问题了。比如说，我们无法确定智商是不是一个合适的测量标准。从解答数学题到实际执行的能力，人类的智力存在多个维度。问题在于，我们对于智力的概念源自人类的精神生活，正是从那里我们获得了智力的概念。有些人可能会说，当我们谈论除人类以外的物种时，智力指的是完全不同的内容。是的，他们完全可以这么说，但与此同时也应该指出的是，他们不知道自己在说什么，因为除了一个来自我们的意识的智力概念之外，他们也没有其他有关智力的概念。

为了判断一个动物的智力水平，通行的科学方法是给动物分配一些难易程度不同的实际任务，看在没有人类帮助的情况下，它们能在何种程度上完成该任务。然而，这个程序并不是没有问题。例如，通常在捕食测试中，狼的表现比狗要好，但并不能据此确定狼比狗更聪明。狼试图独立完成任务，而狗则更多地向人求助：让别人帮你解决实际问题也是聪明的一种表现。总的来说，我倾向于说我的宠物在训练我这一方面比我在训练它们这一方面做得更好。当然，我也在一定程度上训练了它们，比如不要随意便溺等，但是它们也训练了我：围绕它们的存在，我也在调整自己的生活状态，看看它们是否饿了，是不是想出去遛一圈，是想得到食物还是想要来自主人的关爱，把房间布置得更适合它们生活，等等。因此，也许对智力的测评还应该进行更实际的考量——不管它是独立完成还是通过获取帮助来完成的，看看该动物的行为是否达到了它想要的目的。

一匹名叫“聪明的汉斯”（Clever Hans）的马因聪明而闻名于世。在大量的文献中都出现过这匹马的名字，证明了我们是如何诱骗自己相信动物拥有超出它们能力的更精巧的心智技能的。聪明的汉斯因能解决各种任务，包括算术、阅读和拼写而饱受赞誉，相当不可思议。例如，它成功地回答了像包括“7 + 5 等于多少”和“如果这个月的九号是星期三，那么星期六是几号”等问题，它也能回答写在便条上的问题。“聪明的汉斯”的主人威廉·冯·奥斯顿（Wilhelm von Osten）是一位数学老师和驯马师。汉斯出名之后，德国教育当局成立了一个由 13 位主管成员组成的审查委员会，1904 年该委员会得出结论，“聪明的汉斯”身上不存在欺骗行为。然而，心理学家奥斯卡·芬格斯特（Oskar Pfungst）对此进行了几年的后续调查，试图进行一项控制实验。调查发现，在主人之外的人提问的时候，“聪明的汉斯”也能给出正确的答案；但是调查还发现，只有在它的主人知道答案的情况下，它才能做出正确的回答。经过仔细调查，研究人员发现，情况很显然是这匹马能对主人的微小动作做出反应。虽然在被问到“7 +

5 等于多少”时，它会在地上踩 12 下，但这并不意味着它真会做加法，而是因为它有能力读懂主人所做的那些无意识的小动作。

如果一匹马真能回答“7 + 5=12”这样的数学问题，那就不仅是令人印象深刻的，而且是非常令人惊讶的。原因很简单，此类事情并非一匹马的生活和兴趣所在。我们可以从汉斯的例子中吸取一个教训，那就是进行控制测试这一点有多么重要。但是，很少有人指出这一点，即这匹马的所作所为同样让人印象深刻：它能理解主人微小的无意识动作，并把它用跺马蹄表现出来，这本身就证明它达到了一个重要的智力水平。

一方面，鸽子稍加训练就能在一定程度上辨别巴赫和斯特拉文斯基的曲子，尽管对此它们也不是特别在行。另一方面，它们又特别精于辨识毕加索和莫奈的画作。不仅如此，当出示布拉克、马蒂斯、塞尚和雷诺阿的画作给它们看的时候，它们会把布拉克和马蒂斯的画作与毕加索的画作放在一处，把塞尚和雷诺阿的画作与莫奈的画作放在一起。从艺术史的角度来看，这是一个绝佳的选择，有很多人去参观博物馆，对视觉艺术的眼光很差。然而，我们一点也不知道鸽子在画中看到了什么，也无法据此来区分画家。这种区分意味着鸽子有形成概念的能力吗？这取决于判定有概念的标准是什么。毫无疑问，人类可以在对这些物体没有概念的情况下对其进行排序。举例来说，你可以让人从废弃的电脑中挑选零件，并教他们把所有的电路板放在一堆，而对方也无须了解电路板是何物。此外，你也可以说这个人实际上对电路板有一个概念，但这个概念可能是原始的，认为电路板具有如下特点："扁平的卡片，通常是绿色的，上面有一层薄薄的铜条。"虽然这种对电路板的概念没有清楚地表明这些卡片如何在计算机中发挥作用，但不妨碍它仍然是一个有关电路板的概念。

如果说这种进行区分的能力足以形成概念，那么就有理由认为鸽子有形成概念的能力，尽管我们对这种概念到底为何，能使得它们在不同的画家之间进行甄别一无所知。如果说这种进行区分的能力足以形成概念，那么还意味着语言不是形成概念的必要条件，因为我们可以在很多没有语言能力的动物身上观察到相似的鉴别能力。

学习能力是智力的一种表现形式，学习过程主要是通过模仿产生的，而模仿这种行为在动物王国中比比皆是。不仅人类和其他灵长类动物身上存在着这种行为，即便是认知能力相当有限的动物，例如昆虫，也存在着模仿行为。这是一个很好的进化策略，因为被模仿的个体通常具有有益的特征；而行为不太有利的个体被模仿得较少，原因很简单，因为它们死得早。

例如，恐惧反应可以模仿，尽管恐惧反应也有遗传。模仿恐惧反应的一个例子就是恒河猴对蛇的恐惧。只有在野生环境下长大的猴子才会有这种恐惧反应，驯养的猴子则没有。对此的解释是，它们是通过模仿其他受到惊吓的猴子的行为来学习这种恐惧反应的。通过对哺乳动物之外的物种进行观察，我们也发现了模仿行为的存在。一个有关学习行为的证据充分的例子是蓝山雀，它学会了开牛奶瓶。在英格兰南部海岸的一个小村庄，一只蓝山雀首次被观察到在奶瓶上啄开了一个小洞，开始从洞中啄食营养美味的牛奶。后来，当地人开始看到越来越多的奶瓶被啄开，在接下来的几十年里，这种做法传遍了整个英国，甚至传到了欧洲其他国家。

人类之间会互相教授各种各样的东西。在许多其他物种中也会产生学习行为，年轻的个体会模仿那些更有经验的个体；不过，很少出现一个个体主动扮演另外一个个体的老师的现象。例如，当狗妈妈教它的孩子如何下楼梯时，它可能是先走下楼梯，向小狗展示这些具体步骤，然后再步行上楼，带着小狗一起下楼梯。一个更显著的例子则是一只成年猫鼬教小猫鼬如何杀死蝎子，并根据学生的年龄来调整难易程度；所以，它们首先会尝试对付比较弱的蝎子，这些蝎子的刺已被除去（或者其他类似情况），无法再蜇人，然后再逐步提升对手的难度。因此，师生关系不仅限于人类，但人类所有教与学的行为之间存在着惊人的巨大差异。

猫鼬的课程只有一项，那就是杀死蝎子，其他物种也有类似的“学校教育”。家猫会把活的鸟和啮齿动物带给小猫，它们可以拿来练手。虎鲸教它们的幼鲸如何一步一步滑到海滩上抓海豹，以及如何再回到水里。海豚会把它们捉到的活鱼放掉，然后它们的孩子就可以再次练习捕捉。可能还有更多的例子，但我们谈论的是相对罕见的现象。必须强调的是，猫、虎鲸和海豚只需学习一门功课。有了语言作为媒介，人类可以在更广阔的维度，以更快的速度和更精确的方式进行教授和学习。

所以，除了我们人类以外，动物也可以基于它们的经验形成自己的世界观。有些动物也有推理能力，也具有从经验中得出结论的能力。然而，只有我们人类才会发问：“有关观念 X 的证据是否足以让人有理由相信 X 是真的呢？”然而，令人感到困惑的是，人类经常不会如此发问，哪怕基本没有什么证据可以支持自己的信念，哪怕甚至还有反例，也会对此坚信不疑。但不管怎么说，与动物不同的是，人类至少有发问的能力。因此，在我们考量动物是否能思考或承认自己时，我们也应该问问自己这个问题。

07

动物能看到镜中的自己吗

《哥林多前书》(13:12)中说:“我们如今仿佛对着镜子观看,模糊不清。”应该说,保罗那个时代的镜子是打磨过的金属表面,它的反射精度远远不如今天的镜子,但我们对在水晶般透明的镜子里看到的自己可能也不熟悉。那个在镜中回望我的人到底是谁?对这一镜像我并无深切的把握。在我试图理解自己的时候,镜中人与我之间的关系只是一种语言学意义上的解释。所以,语言不仅是为了把我的想法传达给别人,也是为了把别人的想法传达给我。正如康德所写的:“我们需要文字,不仅仅是为了了解别人,也为了了解自己。”我们并不总能取得成功,但无论如何,如果缺少语言,我们就永远无法理解自身。在人类在地球上生活的有生之年里,对我们大多数人来说,很可能这个谜永远无法完全解开。然而,有一件事我是清楚的,那就是我在镜子里看到的就是我自己。

自我认知的镜子测试是美国心理学家戈登•盖洛普(Gordon Gallup)在20世纪70年代提出的一项测试。在测试中，研究人员会在每个被试的额头上涂抹一个有一种颜色的标记，但是被试自己不知道，然后在他们面前放置一面镜子。人们相信，如果一个生物体有自我意识，他就能在镜子里认出自己，因此就能反应过来他前额上有一个标记。被试会去检查那个颜色标记，然后试图把它从额头上抹去。只要是岁数大于 18 个月的人类都通过了测试，一些猩猩也能通过测试；然而，大多数猩猩失败了。还应该指出的是，通过镜子测试的许多黑猩猩后来也失败了。不知为何，超过 15 岁的黑猩猩通过镜子测试的能力会急剧下降。大猩猩、大象、海豚、虎鲸、喜鹊或鸽子是否能通过这一测试尚有争议。再比如说，有关镜子测试的另一个问题是，黑猩猩会非常频繁地触碰额头。在一项实验中，研究人员测试了额头上被涂抹了颜色标记的黑猩猩不在镜子前时，会用手触碰额头的频率。他们观察到，不在镜子前的黑猩猩触碰额头的频率比在镜子前略低，但是差别不甚明显。就此而言，我们可以很容易得出一个假阳性的镜子测试结果；一个更大的问题可能是存在假阴性结果的可能性。我们不能说如果动物在镜子测试中失败了，就意味着它没有自我意识。测试本身对它们来说是陌生的，镜子不会引起它们足够的兴趣并吸引它们的注意力；也或者说存在某种物种特性——它们就是不爱照镜子。比如说，大猩猩不愿进行目光接触，它们极不情愿凝视镜子里的另一双眼睛。

猫和狗则远不能通过镜子测试。对于狗来说，这也许并不奇怪。狗首先是受气味引导的，然后才是声音，最后是景象。既然镜子不会散发某种味道，狗也就没有什么理由对它产生兴趣了。小狗在照镜子时，有时会表现得好像看到了另一只狗，但是一旦察觉到镜子并无气味，它们随即也就丧失了兴趣。年长的狗则通常不会关注镜子。此外，在涉及嗅觉时，它们可以区分自己和别人。在我带着我的狗出去的时候，它对自己留下了记号的区域不感兴趣，却对其他狗留下的痕迹分外兴奋。这条狗很容易将自己和除此之外的一切区分开来。它不会错把自己的腿当成一根骨头。追逐着自己的尾巴的狗，在意识到尾巴也属于自己的身体的一部分时，往往会迅速停下来。如果一只成年的狗一直追逐自己的尾巴，那么这往往是一种征兆——一定是哪里出岔子了。

那么儿童呢？他们能否通过镜子测试？如前所述，小于18个月的婴儿通常无法通过测试。然而，这其中又存在着很大的文化差异。在一项研究中，研究人员对来自肯尼亚、斐济、格林纳达、圣卢西亚、秘鲁、美国和加拿大的儿童进行了比较。在玩耍中，研究人员把一张张贴纸悄悄地贴在了

3 ~ 5 岁儿童的前额上。他们被允许对着镜子观察自己 30 秒。结果是，84% 的美国和加拿大儿童拿掉了贴纸。那么，我们是否能就此得出结论：剩下的 16% 的儿童缺乏自我意识？不能。结果证明，其他国家的儿童明显更弱：圣卢西亚（58%）、格林纳达（52%）、秘鲁（51%）、肯尼亚（1%）和斐济（0%）。因此，我们是否可以得出这样的结论：在圣卢西亚、格林纳达和秘鲁，只有一半的儿童有自我意识，而肯尼亚和斐济的儿童则完全缺乏这种自我意识？绝对不能。这一结果实际上告诉我们，文化、环境和经验在处理这类测试中的情境时如何起着决定性的作用。此外，我们还知道有的成年人虽然具有明显的自我意识，但无法在镜子前识别出自己的脸。对重度脸盲症患者来说，他们不仅无法辨认出亲朋好友的脸，甚至也无法辨认出自己的脸。总之，我倾向于认为，用镜子测试结果作为证据，证明一个人或一个物种是否有自我意识是基本无用的。

这些动物能通过镜子测试表明，它们能理解镜中的形象与自己的身体之间的关联，这不是一件小事。但无论如何，把镜子测试当作有自我意识的证明有点奇怪。当你看着我的时候，你看到的是我的身体；当你照镜子时，你看到的是自己的身体。虽然看见身体可以作为意识的标志，但是自我意识不是一个可以被观察到的事物。如果是的话，我们就能回答如下问题了：意识有多宽？有多高？有多重？或许还会问：它是什么颜色的？很显然，这些荒谬的问题告诉我们意识不是一个物质实体。

康德认为，自我意识、理性和语言是将人和动物区分开来的关键因素。他当然相信动物是有概念的，它们在这个世界上找到了自己的生活路径，并根据这些概念调整自己的行为。至于像笛卡尔那种将动物视为与自动售货机无异的观点，是被康德彻底排斥的。尽管如此，康德还是认为动物不具备自我意识，没有能力内省，它们的意识局限于超越它们自身世界的意识。他相信，动物的行为是可以由内在条件，比如疼痛或饥饿激发的，但它们不能把这种疼痛或饥饿变成其意识的客体。

正如克尔凯郭尔（Kierkegaard）所说，人的自我是一种与自己有关的关系。我们有能力去思考别人对我们的看法和感受，以及这些看法和感受对我们来说具有何种意义。除了人类以外，我们尚不清楚是否还有其他生物具有这样的自我，动物对我们来说是谜一样的存在，而对它们自己来说则不是。

08

为什么说动物永远活在当下

罗马哲学家塞内加（Seneca）在寄给卢西利乌斯（Lucilius）的第124封信中写道，动物生活在永恒的当下，与它们现在的感受有千丝万缕、密不可分的联系。塞内加指出，马独自上路的时候自己也能识途，然而它一旦回到马厩之中，就对路没有丝毫记忆了。他声称，只有当马被当下的某件事唤醒记忆时，过去才能存在于当下，而未来则永远不会出现。这一点是哲学家在谈及动物时的一个普遍认知。

同样，法国哲学家亨利·柏格森（Henri Bergson）写道，狗能认出主人，它会朝着主人摇尾巴并且吠叫，而它们这样做并非因为它们忆起了过去的画面。他声称，原因在于狗完全生活在当下，而只有人类才有能力将自己从当下解放出来。此处产生了一个疑问：他怎么对这一点如此肯定呢？有充分的证据表明，动物也有记忆力，有时甚至很惊人，在某些方面甚至能超越人类。例如，黑猩猩能够记住我们人类都记不住的数字。当然，我们说的是就这一方面受过训练的黑猩猩，但是它们却比同样接受过训练的人类表现得更出色。在一个实验中，在屏幕上随机显示从 1 到 9 这几个数字，随后需要以同样的顺序把这些数字记录下来，黑猩猩需要的阅读时间比人类要少得多。它们也能记住一副牌的出牌顺序，这也超出了人类记忆专家的能力范围。它们似乎有过目不忘的能力和超强的心智能力。虽然我们不能确切地说出过去是如何在动物的意识中呈现的，究竟是通过画面还是通过其他方式，但是过去确实占据一席之地这一点似乎是无可争辩的。

另外，很显然，许多动物对未来多少有一些感觉，这一点从它们能够预测自身和其他动物的行为中可见一斑。对于它们是如何做到这一点的，有各种各样的解释：一些理论假设它们清楚其他动物的意识，而另外一些理论只是简单地声称这些动物已经明白了某种行为通常伴随着另外一种行为。我个人更倾向于后一种解释。不管怎样，显然动物能预知事件的发生，它们会期待一些东西，而在期待落空时会表达自己的失望。每一条狗的主人都会看到自己在穿鞋的时候，他们的狗表现得异常欢快，因为这可能意味着主人要带自己出门了；同样，如果你不带它们而独自出门，它们又会瞬间变得沮丧起来。反过来，狗会在你穿鞋的时候感到沮丧，因为这可能意味着你不会带它出去，然后在你牵起它出门的时候又变得活蹦乱跳。它们的意识中保留着过去的经历。如果没有之前有人牵起它们的经历——暗示你要出去散步，那么它们就不会在主人拿起狗绳的时候对出去散步心存期待。所以，动物的体验不止于它们在当时当地能够感受到的，它们也能从以前的经历中汲取经验、预测未来。

在对未来进行系统规划方面，有一个有趣的例子。桑蒂诺（Santino）是瑞典富鲁维克动物园的一只雄性黑猩猩，像其他大多数被圈养的黑猩猩一样，它也非常厌恶来动物园的游客。被圈养的黑猩猩向游客扔东西（通常是粪便）的行为很常见。然而，桑蒂诺的计划比大多数黑猩猩周密得多。一大早在游客到来之前，它就会四处走动，把石头堆成一堆。在游客出现以后，它会用这些武器发起进攻。有趣的是，它在收集石头的时候态度非常冷静，而当它把石头扔出去时，会变得怒不可遏。过了一段时间，它扩充了武器的范围，除了之前的石头之外，还夹杂了它从周围掰下来的混凝土块。动物园可不想看到游客被攻击，所以工作人员在游客来参观之前就会去清空它的武器。桑蒂诺的应对办法就是用稻草对“弹药”进行各式各样的掩盖。一旦桑蒂诺流露出攻击性，导游就会带领游客躲开它，远离它的投掷范围；对此，桑蒂诺假装自己是一只温和驯良的黑猩猩，对参观者报以友善的态度，结果一旦后者进入它的射程范围，它就会用石头攻击他们。你不得不佩服桑蒂诺的决心。最后，动物园选择通过阉割桑蒂诺来降低它的荷尔蒙水平，结果它因此便成了一只更为圆润有趣的黑猩猩。问题来了：我们应该如何理解桑蒂诺的行为？在这个过程中它的意识发生了什么变化？它会计划未来，这一点是很明确的，搜集石头这一行为显然对当下的它是没有好处的，而只对未来有益。这种行为也体现在其他动物身上，比如为冬天储备坚果。然而，桑蒂诺表现出了极大的灵活性，它为了实现目标大幅度调整了自己的行为方式，几乎可以将其看作一种基于未来行为概念的坚决的思维过程。

虽然狗和其他动物能记住过去和它们产生过联系的人和事，但是过去是如何呈现在狗的精神生活中的则是另一回事。狗能在它的头脑中将过去的事件以画面的形式呈现出来吗？正如前面提到的，既然我们不能深入探察狗的内心世界，我们就不能对此妄下断言。然而，我们可以观察到狗的梦境，它们会在梦里哀鸣、咆哮、挪动身体。这同样适用于猫。在测试中，在快速眼动睡眠期（REM sleep），当大脑中阻止运动的机制停止运行时，熟睡中的猫会抬起头，仿佛看见了什么；它们也会进行战斗，蹑手蹑脚地靠近猎物。这很容易被解释为内在精神状态的一种外部显现。然而，我们不知道它们是怎么做梦的。因为猫是受它们的视觉系统引导的，所以我们很容易认为它们可以用画面的形式进行思考。考虑到狗的感官体验是和它们的嗅觉息息相关的，则不难想象它们在做梦时会闻到气味。至于蝙蝠，它们的梦境是否会与听力最为相关？我们知道电鳗也做梦，但它们是怎么做梦的呢？如果动物像我们一样，在梦境中也会有心理呈现或概念，那就不难想象在它们清醒的时候，过去也会有某种心理表征（mental representations）。但这里有很多“如果”，所以它们可能拥有什么样的概念还有很大的讨论空间。

很明显，动物能记住它们以前发现食物的地方。不仅如此，它们似乎还记得在哪里能找到什么，所以我们正在谈论一种非常高级的心理活动。比如，鸟类就有这种能力。在一项实验中，研究人员给灌丛松鸦（scrub jays）喂食蠕虫和它们可以收藏起来的花生。蠕虫与花生之间存在着显著差异，前者很快就会腐烂，变得不可食用，但花生可以保存很长一段时间。然而，相比花生，这些鸟还是明显更偏好蠕虫。在收藏好食物几个小时之后，鸟儿又回去觅食，它们会先挑出它们最喜欢的食物——蠕虫，然后是花生。然而，五天后，情况变得完全不同了：它们甚至连看都不会去看一眼那些已经腐烂变质的蠕虫，而是径直去了收藏花生的地方。这既说明动物对不同类型的食物的保质期有某种形式的理解，也说明它们记得把食物放在了什么地方。根据这些实验，我们有充分的理由认为鸟类拥有相当好的记忆力，但是也正是基于此，我们并不知道灌丛松鸦拥有这种记忆之后又会如何，比如说它能否意识到它所能记住的事物，而且这些事物是不是以心理意象的形式在意识中呈现的。

虽然我们也不知道动物是如何体认过去和未来的，但是我们知道一点，那就是不同的动物体验到的时间不同。对于我们人类来说，每秒钟展示 24 张静态图像会给人一种连续运动的印象，普通动画电影中使用的正是这种手法。但是对于鸽子来说，这种频率就是一幅幅静止的图像，因为它更新视觉印象的频率比人类高得多。狗更新视觉印象的频率比人类要高，但比鸟类要低。这也正是不管我的狗再怎么努力，它也从来没有成功地抓住过一只鸟的一个重要原因。鸟类可以很轻易地快速更新视觉信息，比狗快得多，因此总能领先一步，占得先机。我们发现在天平的另一端的例子是蜗牛，如果你拿一根棍子在蜗牛面前一秒钟挥舞四次，那么它只能看见一根静止的棍子。

由于人类拥有语言能力，因此和动物的生命相比较而言，时间在我们的生命中被赋予了更重要的角色。我们没有理由假设动物像我们一样喜欢沉湎于过去，只有我们才会如此沉湎于怀念逝去的时光。我的狗不太可能会沉浸在对过去的思念之中，比如怀念去年秋天的一个周末，我们舒服地待在小木屋里，坐在壁炉前取暖，而屋外大雨滂沱。它也不会躺在那里遐想下一次的小木屋之旅，或者是制订一个计划，好把它藏在小木屋几米开外的骨头挖出来。此外，我们人类在很大程度上是活在过去和未来的，正是经由过去和未来，我们才能赋予当下意义：过去决定了我们曾经是谁，未来决定了我们将成为谁。当然过去对动物的生活来说显然也是有意义的，比如在经过漫长的分离之后，狗仍然能认出它的主人。

文学史上一个著名的例子就是奥德修斯（Odysseus）和他的狗阿尔戈斯（Argos）在分别 20 年之后的重聚。前 10 年里，奥德修斯远离家乡参加了特洛伊战争；后 10 年他又在外游历，最后才返回家乡伊萨卡岛。趁奥德修斯不在，有几个追求者来到了奥德修斯的家中向他的妻子佩内洛普求爱。奥德修斯想要秘密返回家中去和追求者对决，他只好乔装打扮成乞丐。在他快走到家时，他看到了他的狗阿尔戈斯被遗弃在一堆动物粪便之中，瘦骨嶙峋，身上爬满了跳蚤。所有人都没认出他来，包括他的一位老朋友，但是阿尔戈斯立刻意识到是奥德修斯回来了。它耷拉下耳朵，摇着尾巴，但是它太虚弱了，实在无法站起身来迎接它的老主人。奥德修斯也一样，他也无法走过去安慰阿尔戈斯，因为这样一来他就会暴露身份。他径直走了过去，流下了一滴眼泪，然后阿尔戈斯就死去了。

09

如何理解动物的悲喜

在哲学传统上，致力于解释人类对世界的理解的特征的解释学，却普遍对动物不感兴趣。大部分有关动物的解释学描述（如果它们曾提到过动物）都证明了它们几乎没有这方面的经验，甚至对动物不甚理解。其实，大部分解释学家认为，动物不能被理解，只能被解释。

对理解与解释的区分源于德国哲学家威廉·狄尔泰（Wilhelm Dilthey）。他声称，我们解释自然，理解精神；前者属于自然科学研究的范畴，而后者则属于人文科学的范畴。人文科学的研究对象——精神，不仅存在于事物内部，也具有某种外在表现，比如某人用语言或手势表达某事，演奏乐器或者在画布上作画，狄尔泰称之为“精神客观化”。这些外在表现不同于我们所观察到的原始自然现象，因为它们源自内心生活。按照狄尔泰的说法，自然科学的研究对象是哑物，因为它们无法进行陈述，而人文科学的研究对象则充满了意义。人类言行有意义，而化学反应或飓风则无意义。然而，在我们谈论动物而非岩石或树木时，狄尔泰的这一区分方法则显得有些问题，因为动物实际上是一种可以表达的生命体。动物也可以表达喜悦、愤怒、爱意和悲伤，正如我们欣赏艺术时所感受到的那样。当然，我们也必须承认在人类与其他动物的外在表现之间存在着差异，但这并不妨碍我们发现动物的内心世界的外在表现。有人可能会认为这样就可以把它们视为理解的对象，而不仅仅是被解释的对象。

根据狄尔泰的观点，理解包括重新体验别人的心态，尤其当这种感受特别强烈时，他将其称为重新感受。重新体验必须基于外在迹象，而这一迹象则被解读为内心世界的象征。为了更好地理解对方，我们必须做出许多假设去解读他或她发出的信息，但其实根本没有什么需要理解的。你必须假设信息发出者实际上在表达某种东西。然后，你还要了解构成这一表达的基本规则，比如，你必须知道某个特定的手势在不同的语境下意义不同，你还必须了解这一表达所处的具体语境。所有这些都意味着，在开始理解任一事物之前，你需要具备很多相关的背景知识。在狄尔泰看来，我们可以理解其他人，是因为我们跟他们有相同的存在（being）。也正因为如此，我们没有和动物一样的存在，我们无法理解动物。动物对生命的表达不是一个可以被解释的对象。

对狄尔泰来说，理解要具有情绪维度（emotional dimension），因此他强调理解者必须对被理解对象抱有“同情”之心。但这种同情并没有超越人类同类的范畴。我们可以说这正是狄尔泰的论点无法成立之处，因为他只是简单地假设动物的精神生活并没有什么值得理解的。狄尔泰学习过达尔文的著作，对适应性原则非常熟悉。然而，他认为在人类与动物的适应性之间有一个关键的区别：通过适应性原则，人类获得了某种既能控制自己的本能又能控制外在自然界的形式，而动物能做到的只是跟随它们的直觉。动物缺少意识中心，因此完全受外在环境的支配。与人类不同，动物永远不能创造它自己的生活故事或表达任何主观意见。狄尔泰声称自己在诠释生命本身方面先行一步，他认为生命体验可以外化为符号。但是他只看到了人类生命和人类的外在表征。在其他地方，他写道：“生命的结构和表达无处不在，包括内心世界和心理现象，因此遍及整个动物界和人类世界。”但是他并没有对这个问题做进一步研究。

汉斯－格奥尔格·伽达默尔和狄尔泰持有同样的态度，但令人惊讶的是，动物这个词并没有出现在他在 1960 年出版的主要著作《真理与方法》（*Truth and Method*）的综合索引中。对伽达默尔来说，动物只是被简单地视作一种自然现象，所有的自然现象都只应被看作一种原因的结果（effect of cause）。将动物的行为视作体验的表达或者主观存在是让人无法接受的。只有拥有语言的人才能表达主观体验。在他看来，只有那些有语言的生命体才有世界可言。矛盾的是，正是因为动物太过沉浸于这个世界，它们才失去了与这个世界的联结。他写道："拥有一种语言就拥有了一种与动物完全不同的生存方式，才不会像动物一样为周遭的世界所束缚。"语言制造了人类与这个世界的距离，因此人类与世界的关系才成为可能。语言可以把一些东西呈现给我们，即使它们无法呈现感觉。动物完全受制于环境，而人类可以界定自身在世界的位置。动物与世界的关系可以被归结为世界是满足其主观需要的源泉，而人类则可以引导自我朝着客观现实而努力。

就将动物作为理解的主体而言，伽达默尔的导师马丁·海德格尔（Martin Heidegger）的观点在某种程度上更为开明，尽管他声称在动物与人类之间存在一个深渊（abyss）。海德格尔相信，经由我们自身的体验和对动物的经验知识之间的类比，我们能够更趋近于理解动物对这个世界的体验。在1929—1930年的一系列讲座中，海德格尔在石头、动物和人类之间做了一个区分，他说石头无世界，动物贫乏于世界，而人类则可以建构世界。

在海德格尔看来，动物有接近事物的途径。它们能感知事物并与之建立联系，而石头则不能。因此，动物有世界，而石头没有。然而，与人类相比，动物对于事物不具备设此（as such）的能力，因为它们的体验中缺乏构此（as-structure）。所有的认知都是对将某物作为（as）某物的认知。“作为”是某物与某物之间的关系。事物之间的原始关系是一种实用关系，它们不是单纯作为某物来被体验的，而是作为某种目的，也就是使用的对象而存在的。海德格尔声称事物的实用性是能够做出判断的一种条件：“这是一把锤子。”使用锤子先于讨论锤子。在《存在与时间》（*Being and Time*）中，海德格尔声称语言不是我们存在的一个基本方面；相反，在讨论语言之前，它已然深深植根于我们对世界的理解之中。因此，语言是我们表达理解的工具；更具体地说，在用语言表达出来之前，这种理解已然存在了。对海德格尔来说，人类的每一个行为都已经是一种解释了。我早上起床的时候，会先穿上拖鞋再去取报纸，拖鞋作为我的工具，可以保暖，防止我的脚被打湿。看完报纸以后，我会踢踢踏踏地走到浴室去洗个澡，此时我会脱掉拖鞋，因为洗澡的时候穿着拖鞋不实用。这些行为和我与拖鞋之间的关系就是一种解释（interpretations）。它们之所以成为“解释”，是因为在这两种情况下我把某物都视作某物。“作为某物”是解释的基本要素。同时，这也驳斥了一种观念，该观念认为每种解释都包含语言，因为在我做出如上动作的时候，我不需要说出来或者去思考哪怕一个单词。正如海德格尔所指出的，你不能下结论说在缺乏词汇的基础上就无法做出解释。

海德格尔称，狗可以躺在地上闻到树叶的气味，但它永远不能把树叶作为树叶来体认：它不会认为这是从树上落下的东西，树叶落下就意味着季节的更替，表明一个新的季节即将到来。狗不会将某物视为某物，而是与外部世界存在于一个连续体中。动物之所以贫乏于世界，是因为它们完全沉浸于这个世界之中。我的狗躺在壁炉旁取暖，但是它不会将壁炉视为一个壁炉。正如海德格尔所说，它永远都不会延伸自己与壁炉的距离，然后认识到是什么让壁炉成为壁炉的。动物总是会被事物困住（trapped），因为它们的关系太过紧密无间。

然而，狗把沙发视作它可以躺在上面的东西，把球视作它可以玩的东西，把厨房台面上的牛排视作它可以吃的东西。虽然狗不会思考沙发、球或牛排的存在，但是在这个过程中，它会以一种“将某物视作某物”的结构形式来对周围环境做出诠释。同时，也必须承认很少有人会去思考沙发、球或牛排的存在，关于被事物“困住”这一点，许多动物有能力在环境改变时改变自己的行为，正如人类遇到工具失灵时一样。在很长一段时间里都存在一种观点，认为只有人类具有这种适应行为的能力，但正如唐纳德·格里芬（Donald Griffin）和其他人所展示的，即使是那些貌似常规的动物行为，也都会随着环境的改变而改变。灵活性很重要，因为它是意识的一个指标。就某种程度来说，我们能对为什么意识会在某些物种中出现给出一个明确答案，是因为意识使生命体得以根据环境改变自身的行为。

许多动物似乎都符合这种描述，即它们与世界之间存在一种基于原结构的解释性关系。然而，动物缺乏语言，而海德格尔的意思似乎是说，语言总是隐晦地存在于似乎没有语言限制的活动中。在他的研究生涯中，语言愈加成为海德格尔哲学的中心。他越强调这一点，比如“语言是存在的家”，人与动物之间的距离就越发遥远。此外，他还写到动物被隔绝于语言世界之外，而语言才是人类最重要的能力。人类借由自己的语言创造了一个世界。我同意海德格尔的观点，语言是我们与所有其他动物之间最显著的区别所在，但这并不意味着动物与我们尝试着去理解的这个世界之间没有构建起某种理解与被理解的关系。然而，海德格尔对这一问题并不感兴趣，除了在 1929—1930 年的讲座中，他几乎不再言及动物世界。更确切地说，在他所有之后的著述中，动物因不具备语言能力，无法与人类匹敌，所以也只是扮演了一种用来帮忙给人类下定义的消极角色罢了。

对于海德格尔来说，因为动物本质上并未与世界建立起诠释关系，所以动物的生活之中并没有太多可供理解的内容。然而在我看来，他的哲学中也有一些元素可能对我们尝试去理解动物的生活会有所帮助。比如，海德格尔提出了现身（disposedness）这一概念，海德格尔借此意在描述存在于世是何种状态，你也可以认为这是对“我们是怎样的”这个问题的回应。存在就是去体验这个包含了各种既有意义又无趣的客体的世界。

这种现身有一种基本的情感特质。正是情感使得某些客体被感知为有意义的，严格地说，是被允许参与到这个世界的运行之中。比如说，现身使某物被认为具有威胁性。对海德格尔来说，情感并不是纯粹主观性的，而是“我们超越自我的基本方式”。如果我们可以说一个动物以这样或那样的方式存在于世是如此主观情绪化，比如说感到恐惧或者兴奋，那么这就是动物的现身。我们有充分的理由认为动物的生命中也存在这种维度，这样一来，它也就变成了一个可供理解的客体。

德国哲学家马克斯·舍勒（Max Scheler）提出了“同情”这一概念，替代了笛卡尔哲学传统中的客体化观点，并将其当作一种理解的形式。在舍勒看来，研究者应该借助想象，试着去重建一个关于这个他正在了解的主体的现实世界，而不仅仅是将其简化为一个单纯的客体。他声称，不仅我们在理解人类的时候要这样做，在理解动物时亦要如此。届时，我们可以以我们所具备的理解力和同情去理解和拥抱整个动物王国，我们在看到动物痛苦或感到害怕时，能够报以理解。然而，我们必须培养我们的同情心和理解动物的智慧。我们可以通过了解传达出它们精神状态的行为迹象，去理解它们。所有动物都有“表达语法”，我们可以学着去理解；但是这要求我们必须运用我们的智力和情绪能力。

两只大象彼此分离之后再次相遇，我们能见证它们感受到的喜悦：它们会在原地旋转，扑扇着耳朵，发出一种独特的、低沉的“隆隆”声，这是它们打招呼的一种方式。两只分别后重聚的黑猩猩会拥抱对方，抚摸对方的后背，偶尔还会亲吻彼此。很显然，虽然我们无法确切地感受到大象或者黑猩猩的情感生活中到底发生了什么，但我们可以想象这些感情都是自然流露的，因为这类似于我们与某个对我们来说很重要的人的重聚。

我在户外挂上了喂鸟器，每次我听到鸟儿在寒冷的室外找到喂鸟器时发出的欢快的声音，我都知道此刻它们感到极其兴奋和满足。我相信它们认为这是好的。和我一起待在壁炉旁的狗会发出几声咕哝声，我只能把这理解为它感到非常自在的信号。有感觉能力的动物也有感受快乐的能力，它们和我们一样会试图寻求快乐。要把握住这种快乐，你基本上只需要带上自己的经验、想象和同理心去观察一下动物就好了。但如果不运用你自己的感情，你就永远也无法理解它们的感受。

10

我们和动物在同一现实中吗

爱沙尼亚裔德国生物学家雅各布·冯·乌克斯库尔（Jakob von Uexküll，1864—1944）引入了 Umwelt 这个概念来研究动物，这一词语的意思是“一个以自我为中心的世界”。这个词很难被翻译成英语。它的字面意思是一个有机体周围的世界，也可以被描述为从某个特殊有机体的视角所感受到的世界。乌克斯库尔强调，所有的生物体都拥有一个以自我为中心的、不同于其他生物体的世界。我们可以说，“以自我为中心的世界”描述了生物的一个主观现实。想象一下你在遛狗，你的狗身上有只跳蚤。那么客观地说，在相同的环境下就存在着三个截然不同的生物体，但它们有三种不同的以自我为中心的世界，因为它们以不同的方式关联着这个环境的不同部分。我们也许可以说，一种环境能容纳无数不同的、可体验的世界。乌克斯库尔把以自我为中心的世界比作肥皂泡，每个生物体都被困在其中。不同的生物体可以有不同的感官：有些有难以置信的敏锐的视力，而有些则根本没有视力可言；有些可以看到紫外线，而有些则是色盲。有些动物拥有无与伦比的听力，而有些则在嗅觉方面远胜其他动物。大多数动物有嗅觉，但是鲸目哺乳动物，比如鲸鱼和海豚却是例外。海豚尽管有鼻子，却没有嗅觉。动物感官的位置也起着重要的作用。人类的视野大约是200度，而鸽子的视野是340度。那么很显然，人类揣度环境的路径与鸽子的迥然不同，我们只能接收到眼前的一切信息，而后者几乎可以接收到周围的一切信息：显然这对鸽子和人类而言，是一种不同的情景体验。此外，鸽子的视力很差，但我们的视力很好。通常来说，动物生活的环境各不相同：有的在空中，有的在树上，大多数生活在地面上，而有的则生活在地底下或水里。可以说，每一种生物体都有感受生活环境的部位，而这个部位就是该生物体的以自我为中心的世界。

正是在这世界中生活着，所以其中活动的众生才被赋予了世界意义。世界本身是没有意义的，并且世界上也不存在中性的意义，因为不同的生物都以自我为中心而自成世界，并且总会将自身的意义投射到外界；也不会存在一个所有人都共有一个中心的世界。如果一个猎人、一个伐木工人和一个植物学家进入同一片森林，那么他们会感受到三个截然不同的以自我为中心的世界。因为对他们而言，森林是可以从多个角度进行界定和解读的。以自我为中心的世界是由一系列“意义的载体”来界定的，而这些载体与动物运用何种感官来与外界交互密不可分。原始生物也许只有几个重要的“意义的载体”，比如扁虱（tick）就只有三个：（1）丁酸的气味，存在于哺乳动物的汗液里；（2）温度为 37 摄氏度，即哺乳动物的血液的温度；（3）一种没有完全被皮毛覆盖住的皮肤的触感。但是，一条狗或一只猫的周围环境则会存在大量“意义的载体”。

在一个生物体的以自我为中心的世界里的所有事物，都是由它们的功能定义的，但它们的功能因有机体不同而各不相同。一个没有功能的物体在动物的世界中几乎不存在，同一个物体在不同的以自我为中心的世界中的意义则大相径庭。乌克斯库尔举了一个例子：训练一条狗，让它在听到“椅子”的命令时就跳到一把椅子上坐下来。但是如果有人把椅子挪开，并向狗发出同样的命令，它就会跳到别的东西上，可能是一张沙发或一张桌子，然后坐在上面。对狗来说，这些东西的意义是由它们的功能来界定的，也就是它们都是可以坐的东西。很多对我们人类来说具有明显功能的东西，比如叉子或者钟表，对狗来说则毫无意义。如果时钟滴答作响，那么狗可能会注意到它，但最可能的是滴答声只是简单地与狗周围环境中的背景噪声混杂在一起。对一条狗来说，钢笔不是写字的工具，而可能只是一根可供咀嚼的棍子罢了。其实仔细想想，在狗的以自我为中心的世界中，很多东西其实都被归为了“某种可供咀嚼的东西”的范畴，这一点也是挺不可思议的。

动物是解释者，它们形成了以自我为中心的一个个世界。能对世界做出精准解读的动物就得以存活，反之则会消亡。生存本身就是裁定一个解释是否恰当的标准。动物是主体。作为主体就等于处在世界的中心。因此，对世界的体验将永远是一种主观体验。解读自然不是只有一本书，而是有多少生命体就有多少本书，或者至少是有多少个物种就有多少本书。于是问题出现了：我们该如何理解其他生命体的以自我为中心的世界呢？乌克斯库尔倒不至于说某个动物的世界对我们来说是无从窥探的，他声称动物的行为会向我们展示一些蛛丝马迹，但除此之外就别无他途。在乌克斯库尔的描述中，那些物种，比如海胆、扁虱和水母的周围环境与我们的截然不同，理解它们的世界对我们而言就像进入一个无法识别的世界去做一次短途旅行。

海豚、章鱼和蝙蝠都有一套和人类迥然不同的感官，因此本质上而言，它们和我们从现实中接收到的信息不同。所有的经验，包括人类的经验，都是局部的或有限的。一旦我们认识到现实的某些方面，我们就会对其他方面视而不见。

当然这不妨碍我们声称对现实有种客观认识，虽然我们并没有真正认识它。

让我们以心理学家约瑟夫·贾斯特罗（Joseph Jastrow）的著名画作举例来说。他画的是一只兔子和一只鸭子。我们不得不说这幅画（见图 10-1）显示出来的就是一只鸭子，因为但凡知道鸭子长什么样的人，都能认出他画的是一只鸭子。同理，兔子也一样。但凡清楚兔子长什么样的人，也都会觉得这是一只兔子。但不管把这幅画看作兔子还是鸭子，都是客观的。如果同时把这幅画看作一只兔子和一只鸭子则是不可能的。我们在同一时间只能够辨识出这幅画的某些方面。再则，我们也可以认为这幅画代表了某些其他物体，但是由于我们自身认知的限制，我们无法逐一识别出来。

图 10-1　鸭兔图

现实中的某些部分是你永远无法触及的，因为它们在你的感官所能感受到的区域之外。其中一些限制可以通过技术手段来克服，比如使用热敏相机观察红外辐射，它提供了一种在某些蛇、鱼和蚊子身上发现的感官形态，这种感官形态通常不会出现在人类身上。然而我们也可以想象，这世上还存在许多我们无从知道的其他种类的感官形态。那些有着与我们不同的感官形态的动物，感受到的现实世界也与我们感受到的不同。或者，更准确地说，它们和我们所感受到的现实世界的片段不同。大多数猫的主人都很好奇他们的猫怎么会坐在那里盯着一堵空墙，但又不确定它是不是真的在盯着一堵空墙。或许是墙上有什么特别迷人的东西，但却又不是主人的感官所能感受到的。蒙田（Montaigne）曾写道：

> 在感觉问题上，首先我的看法是我怀疑人天生具备所有的天然感觉。我看到许多动物，有的没有视觉，有的没有听觉，依然能安稳地过完一生，谁知道我们身上是不是也少了一种、两种、三种甚至更多的其他感觉？因为，纵使少了一种，我们靠推理也发现不了。各种感觉的特权达到我们认知的极限为止。超越了感觉了，我们再也发现不了什么，也就是一种感觉发现不了另外一种感觉。

正如蒙田所说，我们想要判定动物是否具有完全不同的感觉是基本不可能的。因此，这不是一个特别富有成效的假设，因为它既无法被证实，也无法被证伪，但它是可以想象的。我们可以肯定地说，许多动物能用自己的感官感知到很多现象，而这些现象是我们人类的感官所无法感知到的。例如，许多动物能够感知到即将到来的地震或雷电交加的暴风雨。但是，人类开发出了种种技术，借助这些手段，人类又得以比动物更早地感知到这些现象。1873 年，弗里德里希·尼采（Friedrich Nietzsche）在他的一篇文章中明确表达了这一观点：

> 昆虫和鸟类所感知到的世界与人类感知到的截然不同，他（人类）甚至很难承认这一点。至于争论哪一种认知是更为正确的那个则并无异议，因为这首先需要确立正确视角的评判标准为何，而这是不可能的。

在柏拉图的《泰阿泰德篇》（*Theaetetus*）中，苏格拉底引用了所谓的智者普罗泰戈拉（Protagoras）的名言："人是万物的尺度，是存在的事物存在的尺度，也是不存在的事物不存在的尺度。"苏格拉底认为这种相对主义经不起质疑，不管人类感受为何，对于存在来说都应该没有什么标准和正确可言。此外，他还试图辩驳这一观点，那就应该说，连猪或狒狒也不例外，也可以用来作为衡量一切的尺度。然而，这一观点并非就像苏格拉底认为的那样荒谬。有很多种尺度，人是衡量一切的尺度，但这一尺度只适用于人本身。

11

假如人类是猫狗

我们人类可以尝试理解另一个有机体的以自我为中心的世界。那么在这种情况下，我们不应该只使用拟人论。我们也应该通过兽形化（*theriomorphism*）试着把自己代入动物的视角，而不是仅仅赋予动物人类的特性；我们可以将动物的特性赋予人类。你可以试着成为那种你想去理解的动物，无论对方是狗、是猫还是章鱼。在尝试成为这种动物的过程中，像动物一样行动，从动物的角度感受世界，你会获得更多信息。2016 年，英国兽医、律师和哲学家查尔斯·福斯特（Charles Foster）出版了一本名为《动物思维》（*Being a Beast*）的书，在该书中，这一策略得到了很好的体现。委婉地说，这是一本离经叛道的书。福斯特想知道野生动物的生活是什么样的，于是他就像只獾一样在威尔士的山坡上住了六个星期。此外，他也试着像水獭、狐狸和其他一些动物一样生存，这本书对他的生活进行了很多有趣的描写。在这些尝试中，他常常会全身赤裸，也几近被冻晕过。他会吃昆虫、蠕虫和被汽车撞死的动物。在他尝试模仿的一些动物中，有一些是他喜欢的，但是他讨厌水獭。当然，他没能成为野生动物，因为一个人永远也不可能成为一只獾或一只水獭：但是他虽败犹荣，因为他做了一次伟大的尝试。你可以试着戴上一副稍稍有碍视力的眼镜，四肢着地到处移动、沿路探嗅，以此来亲身感受狗所感受到的环境。如果你真的准备好了，那么你也应该尝一下其他狗的粪便，因为那对大多数狗来说是真正的美味。但是，即便我们想要更好地了解狗的生活，这也已经远远超出了我们大多数人的意愿。

即使你一心一意想要去完成这项任务，也仍然只能让你对一条狗的生活产生一个非常有限的认知。1974 年，美国哲学家托马斯·内格尔（Thomas Nagel）在一篇颇有影响力的文章中，提出了这样一个问题：“做一只蝙蝠是什么感觉？”根据内格尔的观点，神经科学永远无法帮我们更好地理解做一只蝙蝠是什么感觉。这一道理同样适用于所有其他的外部观测。我们对蝙蝠的大脑的了解并不能告诉我们使用回声定位来定向或者飞行是一种什么样的感觉。无论我们以第三人称的视角收集了多么丰富的知识，我们也永远无法代入第一人称的视角。这种客观认识无法告诉我们一种体验是什么感觉，比如喝啤酒的感觉。我们可以给出一种身体方面的形容，比如当啤酒流进我的嘴里，一直到啤酒进入我的胃中等，神经纤维会发出什么样的信号，但是这与描述品尝啤酒的定性体验有所不同。啤酒会在味蕾中产生化学反应，向大脑发送电磁波。从本质上来讲，当我感受到啤酒的味道时，一个新的因素已经开始发挥作用。无论我们如何声称能精准解析大脑结构，都找不到一个能够观察到啤酒的味道的地方。与大脑运行过程不同，味觉体验无法观察。同样的道理也适用于像疼痛这样的感觉，以及通过回声定位来定位自己，或飞行。

内格尔有一个观点，只是这一观点没有他想象得那样好，而且他的例子选择得不是很好。就飞行经验而言，我们有悬挂式滑翔运动、滑翔伞运动，尤其是翼服让我们得以体验飞行；我们在使用这些飞行装备时，它们作为我们身体的延伸，使得我们确实能够飞起来。我们有充分的理由可以假设，飞行对于蝙蝠来说完全不同，飞行器官是它们身体的一部分；而人类虽不具备这种天生的能力，却依然能够拥有飞行体验。那么回声定位呢？在这一点上，内格尔忘记了，这其实是人类与生俱来的能力。你能听到蚊子发出的嗡嗡声，这就是回声定位最基本的应用：单凭这个声音，你就知道它就在你的右边飞来飞去，大致就在和你的后脑勺齐平的位置。水手们也会使用回声定位法：他们在浓雾中或漆黑的夜里大声呼喊并倾听回声，以此来确定自己距离海岸线还有多远。盲人能发展出非凡的回声定位能力：如果我们闭上眼睛，或者走在黑暗中，同时一边发出咔嗒咔嗒的声音，我们就能明白了。比如说，通常你能辨识出我们是置身于一个大房间还是一个小房间。虽说人类拥有回声定位的能力，但这一能力却不够发达，因为我们通常会过度依赖我们的眼睛，让眼睛承担过多的功能。

我们也可以想象一下开发出某种工具，借此来提升回声定位能力，帮助我们做到像蝙蝠一样。然而，这不会让我拥有成为一只蝙蝠的体验，我还只是一个拥有和蝙蝠类似的感官的人罢了。作为一只蝙蝠的主观体验是我们人类所永远无法企及的。内格尔是对的。但你可以说这是一个相当微不足道的问题，只在于你的意识发出的指令和蝙蝠的不完全一样。或者换句话说，一个意识无法深入另一个意识世界之中，从内部去观察和审视它。另一个个体的意识本质上是另一个意识。这不仅适用于我们与其他物种之间的关系，也同样适用于我们与其他人的关系。还有其他一些我无法接触到的经历。我可以发问："拥有完美音高是什么感觉？"或者说"拥有复合感觉是什么感觉？"

很显然，我们在试图理解作为一只蝙蝠的感觉的时候，可以借鉴我们自身的体验。通过提高我们自己的回声定位能力，我们可以认为至少朝着理解作为一只蝙蝠的感觉更近了一步。我们可以运用自己的想象力、自己的经历以及动物的生理和行为方面的知识，来加深这一理解。动物与我们人类之间的生命的交叠非常重要。如果我们把自己限定在哺乳动物的群体中，我们之间就有很多共通之处，比如我们都有生产需要照顾的活幼崽的生殖繁衍体系。我们都同样非常需要水、食物和睡眠，尤其是空气。你可以在动物和人类大脑的相同部位激起同样的情绪反应。我们发现，如果在人类和动物身上都发现了类似的行为偏差（比如强迫行为），那么它们的大脑中都会存在相应异常的区域。人类和动物对许多药物的反应很相似，它们都会对同一物质产生上瘾反应。说得委婉些，我们也应该承认，哺乳类动物是异构的；最小的物种体重只有几克，最大的则可重达 160 吨：它们的生活可谓有天壤之别。然而，所有其他的哺乳动物仍然都会经历快乐、悲伤、恐惧、愤怒、惊讶和厌恶等情绪。这是一个所有哺乳动物共有的、非常全面的情感谱系，当然，所有这些情感在人类和动物身上也都表现各异。我们可以说动物的情感没有我们人类的细腻，看起来很粗糙。然而，它们的情感辨识度却很高。在恐惧方面，就神经生理学层面而言，老鼠和人类有相似的生理基础：大脑的情感中心都是杏仁核，当它被激活后，会向下丘脑和脑下垂体发出信号，而这两者会大量释放肾上腺素和皮质醇，会加速神经系统运转，导致瞳孔放大。恐惧在老鼠和人类的生活中扮演的角色不同，因为我们害怕的事情不同，但是在基本层面上是一样的；这也正是我们得以识别动物会感到恐惧的原因。这可能是理解动物的最基本的部分：能够识别它们的情感。接下来是，要理解它们为什么会有这种感觉。

我认为动物的情感和人类的一样，也是某种认知工具。关于情感的理论通常会强调以下特征：情感是一种具有效价（*valence*）和意义的主观现象。它们是积极的或消极的，而不是中性的。情感有一个意向对象（*intentional object*），因为它与某事有关。情感持续的时间通常比较短，而持续时间是由效价的变化决定的。情绪不仅可以被认为是纯粹的主观事件，而且可以被视为认知工具，这意味着它们可以告诉我们一些关于现实的事情。正如我们用来认知现实的其他工具一样，情感可以给我们描绘出一个正确或不正确的现实画面，比如说什么可以对我们构成真正的危险。既然情感也是认知工具，那么理解动物的感觉也有助于部分地理解动物的经验世界，这意味着去分享动物的主观性以及它们以自我为中心的世界。

我们只能看到行为，但这个行为可以充满意义，而如果这些人或者这些动物是我们所熟悉的，那么我们几乎可以瞬间明了这个行为背后所代表的意义。看看那些照顾后代的狗、猫或黑猩猩妈妈的行为吧，它们的行为的意义指向其内心拥有强大的生命力，这是可以立即被理解的。其他时候，比如我们在进行跨文化交际的时候，虽然我们可能很难确切地理解对方的行为，但是我们仍然明白他们的行为是有意义的。那些宗教习俗中我们所不熟悉的仪式就是一个明显的例子。要理解那些你想理解的对象，你必须掌握大量的知识，这一点在理解动物时也适用。要理解它们，你需要与之进行互动。如果狗弓起身子，那么很明显这表明它想出去玩；这种信号其他的狗能立即明白，那些能够对此行为做出解读的人也明白。

如果我们想理解别人，我们就必须预先假定通常所说的慈善原则。这意味着我们必须把我们所要理解的看作相当理性的，或者更确切地说，它们对世界的感知和我们人类差不多。如果不做此假设，即不认为它们与我们人类多少有些相近，这一理解过程就无法开始。如果我遇到一个人，他说的语言我从未听过，当他指着一杯水，发出类似“usjabig”这种声音时，我就应该假设这些音节的意思是“水”“玻璃杯”或者“喝”，抑或是类似的、与之相关的什么东西。我不必假定这个人有幻觉，他在说“喷火龙”或者什么东西。当然，虽然我不能确定“usjabig”的意思就是“水”“玻璃杯”或者“喝”，但是我最终会弄清楚的。不管怎样，我的出发点都在于，我得假设他拥有对这个世界的概念，并且会做出相应的行为：从我的角度来看，这也是有道理的。

当我们开始理解动物时，这个道理同样适用。有天早上，我的狗没有得到食物，它站在食盆边上用恳求的眼神望着我，我想它应该是饿了，想要吃的。它转向我，想得到我的回应，在这种情况下，最合理的假设就是它期望它的食盆被装满。当我居家办公，全神贯注地写作时，有时可能会感到一个湿冷的鼻子在轻轻地拱我的后背。这通常会发生在它想出去遛遛的时候，因此一旦有这种行为，我就能立刻理解。如果我们想理解动物，我们就必须从我们与它们的共同之处开始。在我们了解了它们之后，我们就得以进入它们的世界。

12

你是用对待狗的方式对待狗吗

人们通常声称狗是在一万多年前被驯化的，这是因为在一万多年前的人类墓葬中发现了狗的尸体；但是考古也发现，有证据表明狗早在三万多年前就被驯化了。我们现在将狗驯养为宠物，它们比其近亲狼发育得要晚；无论是睁开眼睛的时间，还是开始走路或开始打闹的时间，狗都比狼要晚。与狼相比，我们很容易说狗永远都不会长大；更确切地说，终其一生，狗都处于这种完全成熟状态的“幼犬阶段”。这只“小狗”至少让你的生活充满了快乐。狗在追着球跑并试图抓住它时，它全身都洋溢着快乐，仿佛活着本身就是一种纯粹的快乐。每条狗的主人都体验过这种乐趣：当你来到门前的时候，你会受到热烈的欢迎。我的狗卢娜也不例外。它开心时会摇尾巴，高兴地跳来跳去，嗅来嗅去，兴奋地汪汪叫。在最初的问候过后，它通常会跑去寻找它最喜欢的玩具，把它弄出吱吱的声音，然后给我看。同样，我们知道狗在看到行李箱时会有多么沮丧，它们的耳朵会下垂，尾巴也会耷拉下来。

当狗看着它的主人的眼睛时，大脑中会产生大量的催产素。要产生对他人的依附感，催产素是一个至关重要的生物基础。需要强调的是，当狗的主人看着狗的眼睛时，他们的大脑中也会产生大量的催产素。同样是看着主人的眼睛，就催产素提升的水平而言，狗比猫要高得多。但是，不同的物种之间这两者也有区别。我养过一只行为更像狗的猫，也养过更像猫的猫，但是我最喜欢前者。我还养过行为更像猫的狗，也养过更像狗的狗，我也最喜欢前者。

卢娜有一个长鼻子，而我的鼻子是短的。人类的鼻子内部有大约 600 多万个感受细胞，而狗的鼻子的感受细胞有几亿个，有些品种的狗的鼻子的感受细胞则多达数十亿个。在处理所有的气味信息时，它们的大脑也比我们的大脑动用的部位要多。据我们所知，它们可以只用嗅觉就能对物体、地点和事件形成复杂的概念。从狗的角度看，你的身份主要是由你的气味决定的，其次是你的长相和声音。这就是为什么你到家的时候狗会如此急切地去闻你的气味，还喜欢舔舔你的脸。

狗是近视眼，但当近距离观察时，它们的鼻子和嘴巴能告诉它们几乎感兴趣的所有事情。它们的色觉能力一般，虽然不至于是色盲，但它们看不见红色，通常只能看到介于蓝色和绿色之间的颜色。在某种程度上，它们似乎更喜欢某些颜色。它们可以看出大碗和小碗食物的区别，并且更喜欢大碗食物，但如果一个碗里放了五份食物而另一个碗里放了四份，它们就无法做出区分。

狗不在乎某个东西是什么，而只关心它们能用这个东西来做什么。这在很大程度上会关系到这个东西能否用来坐、用来躺、用来咀嚼或拿来吃。它们对会动的东西比静止不动的东西感兴趣得多。在很小的程度上，狗会对某种形状的物体有偏好，标准只在于该形状是否适合放进嘴里。卢娜几乎从不挑食，基本上所有的食物都在可食用的范畴内，尽管香蕉是少数几种“不可食用”的食物之一。骨头在可食用食物的类别中名列前茅。然而，如果我给它做些狗食饼干，那么饼干的形状像香蕉或骨头无关紧要。

我经常惊讶于我的狗的视力有多差。有时候我们走在城市的街道上，有人迎面推着婴儿车走过来，卢娜会以为走过来的是一条狗，并且等着跟对方打招呼。即便我是一个需要戴眼镜的人，我也能清楚地看到根本不是这样的。它得等靠得非常近才能意识到对面来的不是一条狗，它对在它视野范围之外的事物毫无兴趣。正如之前提到的，它大部分时间都用嗅觉进行认知。如果在我们散步回来之前其他家人已先于我们到家，那么在我们一进入公寓楼的大厅时它会表现得特别明显：它会以经典动作奔上我们位于三楼的公寓，热切地扑向那股美妙的气味。沿着走廊，爬上楼梯，气味变得更浓烈了一点，它知道她们就是沿着这条路回家的，并且就在气味的尽头等它。它相信我的妻子希瑞和女儿伊本都回家了；认为它相信这一点，似乎也没什么不合理的。在这些情况下，我根本无法觉察到任何气味，能表明希瑞已经下班回来，或者伊本已从学校回到了家。又或许，如果我精力非常集中，我也能觉察到。毕竟，我们人类的嗅觉比我们通常以为的要灵敏得多。

诚然，我们的嗅觉水平比狗差多了，尤其是对距离遥远的气味来说，正如一个人穿过城市而来，而城市中混杂了太多味道，气味很淡；但是如果涉及近距离的气味，我们的嗅觉就会变得敏锐起来，一点儿也不差。气味在人类生活中扮演的角色之所以比在狗的生活中作用小得多，是因为我们直立的姿态导致我们的鼻子离地面很远，而地面是气味聚集最多的地方。我们人类也可以像狗那样，在生活中更多地借助嗅觉来进行定位，但是那样的话我们就得四肢着地，鼻子紧贴地面。

对于狗来说，最重要的是它们是生活在当下的，但这正是因为它们主要依靠嗅觉来生活，所以这是一个漫长的当下。空气中弥漫着气味，狗能分辨出各种不同的气味：新鲜的和陈旧的。强烈的气味表明事情是最近发生的，而如果气味较弱就表明事情已经过去一段时间了。如果随着你越走越远，气味渐渐变淡，这就说明你离这股气味的源头越来越远了。随着你前进的步伐，这股气味会带给你一股过去的气息；相反，如果你闻到的气味越来越浓烈，那么随着你继续走下去，走向它的源头，你就会知道前面发生了什么事情。通常在我下班回家以后，希瑞会问我今天过得怎么样。我的狗就不会问，它只会闻闻我，仅仅这个动作就能告诉它，它想知道的一切：我去过哪里，接触了什么人或者什么动物，尤其是我吃了些什么。它嗅到的气味也证实了进门的确实是我本人。当这条狗在街上遇到另一条狗时，它们会彻底闻一闻对方的味道，因为这是它们感受和确认对方的方式。它们完全没有必要看对方是同性还是异性，因为在它们有机会看清对方的身体之前就已经闻了很久的味道。顺便说一下，我们人类也可以在没看清楚狗的身体之前就猜出个大概：母狗通常会先上去闻一下对方的脸，而公狗则通常会径直走到对方身后。

那些把摄像机绑在狗身上拍下来的录像带给我们一些狗对世界的视角的印象；当然了，这是一种混乱的印象。但是，这些录像没有告诉我们的是狗的嗅觉世界，这个世界对它们来说更重要。甚至如果你想从狗的角度看问题，那么首先你必须开始反复地嗅东西，并且最好是去舔舔它们。不仅是嗅东西，你还要去闻闻其他人的味道，这就会有点风险了，你可能会变得有点不受人欢迎。当你开始积累这种关于狗的知识时，你就会开始理解它们。也就是说，学着从狗的角度去看世界，以及去理解当一条狗是什么感觉。

“本体论”一词原本指关于世界本质存在的哲学教义，但在近代，这个词在描述不同的人相信存在的一类事物时获得了更广泛的含义。终其一生，一个人的本体论会发生变化；人们将不再相信某些事物的存在，也会开始相信另外一些事物的存在。比方说，小时候我以为圣诞老人是存在的，因此圣诞老人曾是我的本体论的一部分，但现在显然不是了。就大多数事物而言，你的本体论是稳定不变的。例如，你相信有石头、椅子、床、鞋子、裤子和房子的存在。本体论还包括那些非实物对象的存在，比如假期和承诺等。简言之，你的本体论由所有你信以为真的东西构成。我们也可以讨论动物的本体论，它包含了动物能感知到的以及会朝之做出动作的一切事物。用乌克斯库尔的话来说，动物的本体论由它周围的一切事物组成。这就清楚地说明了我的狗的本体论和我的大有不同。在狗的本体论中，不存在以语言为前提的任何东西。在它的本体论中存在着有名字的事物，比如“球”或“鸟”，这是它的一些玩具的名字（狗能听懂好多名字）；但对一条狗来说，这些东西并非依赖于这些名字才存在。狗的本体论也不会包含任何抽象现象，比如数学条件、法律、金钱或假期。我的本体论包含着我只是听闻但从未亲身体验过的大量对象，而狗的本体论只包含它所体验过的对象。可以说，狗的本体论是由椅子、沙发、鸟和香肠等物理实体组成的，而我们只能将我们自己的概念、我们自己的本体论投射到狗身上。最好是根据它们的功能进行大致分类：可以躺在上面的东西，可以用来咀嚼的东西，可以吃的食物，等等。

从某种程度上来说，狗和猫是完全不同的交流者。它们不仅能对我们说话，而且能彼此交流。如果有可疑的人在前门外面吵闹，那么它们也会发出声音赶这些人走开。卢娜能辨认出一些声音，比如“卢娜”“伊本”“妈妈”“停下”“不”“走”和“食物”。由于它一听到“走”这个词就不耐烦，因此我就开始使用“快走”等迂回表达，但它很快就意识到了这些声音代表的含义。然而在很大程度上，我的感受是，使用何种语气是最具决定性的。语境也很重要：如果我们在开车，那么我说“走”这个词，它不会产生任何热情；同样，我在洗澡的时候说这些话也一样。必须是这样一种情况，即真的要带它出去散步。

狗中也有出类拔萃超级聪明的明星，它们识别单词的能力足以让卢娜自惭形秽。例如，一条叫“追击者”（Chaser）的边境牧羊犬在3年的时间里学会了1000个名字，这些都是它的玩具的名字。此外，它还学会了三个动词，以分别对应需要用嘴捡起、用鼻子或爪子推玩具的情况。然而，尚不清楚“追击者”从中学到了什么。这是否意味着它有令人印象深刻的、很强的联想能力，能将随机的声音和特定的物体联系起来，还是意味着狗能理解每一个名字都对应着一个对象？如果后者是正确的，如此一来问题就提升到了一个完全不同的层次，因为这意味着狗能理解语义学；但也不一定，值得注意的是，它仍然离我们通常所说的语言的情况相去甚远。这条狗知道自己的名字意味着什么吗？和人类一样，在被叫到名字的时候狗通常就会应声而来。猫就很少能做到这一点。“卢娜”对卢娜来说意味着什么？卢娜知道它有名字吗？估计不知道。叫名字当然有一定的作用，作为一种重要的声音，通常表示某种积极的事情将会发生。它至少已经注意到了，当它听到自己的名字就过来的时候能得到积极的回应。卢娜的交流语域包括呼噜声（满足）、哀号（自怜或痛苦）、嚎叫（类似于哀号，但是情形更糟）、高兴地嚎叫（通常出现在和它非常喜欢的人在一起时，但与其他狗一起玩耍时也会出现）、咆哮（罕见的具有攻击性的表现，但确实会发生），尤其是吠叫。犬吠是复杂的，不能脱离它发生的情景独立理解。它用吠叫表示生气、恐惧和警告，表达绝望，做出问候，表达喜悦，以及引起注意，等等。如果狗叫时你只能听出普通的吠叫，那么你可能有点音盲。吠叫声中含义极其丰富。

此外，还有许多肢体语言。它打哈欠通常不是因为无聊，而是为了让他人和自己冷静下来。与此同时，它有时也会因累了而打哈欠。你也可以通过打哈欠让一条紧张的狗放松下来。摇尾巴也有它的密码。如果尾巴竖得很高，那么你应该小心。如果尾巴耷拉着，从一边快速摆动到另一边，那么通常表示狗是温顺的。最后一点非常重要，在“正常”地摇尾巴与快乐地摇尾巴之间还有中间地带。不同的品种反应也不一样：有些狗天然地把尾巴高高竖起，有些狗则天生尾巴耷拉着。狗也会通过尿液进行交流，尿液能告诉其他狗谁来过这里。

就像我们一样，狗能从经验中学习，它们会在不同的现象之间建立起联系。例如，我的狗知道某个抽屉被打开的声音与吃的有关。卢娜知道自己喜欢什么：吃的和出去寻觅吃的。它也知道自己不喜欢什么：坐车、淋浴和在厚厚的雪中走路。这一点在卢娜的行为中表现得很明显，它试图将愉快的事情做到尽兴，并尽量减少令它不愉快的事情发生的频率。如果不了解它的某些态度和喜好，就很难去理解它的这种行为。我通常会想象它的心理内容是某种具有图像特征的东西。虽然我不知道它能否看到图像，但这是我想象中它想象事物的情形。和其他图像一样，这些心理图像几乎不超过 1000 个字，但是它们表达的内容又确实在千字以外，这正是很难用语言来确切地描述它们的思想内容的原因。

狗很少表现出具有抽象思维的能力。它们能最先联系到的就是第一时间呈现在感官之前的事物。然而，即便是你不在场的时候，你的狗也很可能会想起你，它可能也会盼望一些即将发生的事情，所以它也并非完全拘泥于当下的存在。狗想不到那些它们从未感受过的东西，我们也没有理由相信，它们可以在想象中将不同的想法联系起来，比如假设它从未见过你穿白色燕尾服的样子，而能想象你穿着一件白色燕尾服。你的狗无法读懂你的想法。其实，它根本不知道你或它自己的想法为何。这样，你的狗就不会欺骗你，因为欺骗或欺诈需要知晓别人的想法。然而，你的狗非常善于观察身体发出的信号，它们通常是一些非常微妙的迹象，并对此做出回应。

任何一个家里养过狗的人都会注意到这一点，它们很容易受到你的情绪的影响。如果你高兴，那么你的狗也会很高兴；如果你有压力，那么你的狗也会有压力；如果你感到害怕，那么你的狗也会感到害怕。很多时候，在你难过的时候，你的狗也会觉得难过。许多狗的主人声称他们的狗非常善于判断别人，我自己也这样认为；如果我的狗非常不喜欢一个人，那么它至少会抱有一定程度的怀疑去接触对方。话虽如此，但常常过了一段时间之后，它就会跟对方相处得非常好。许多狗普遍会对陌生人持怀疑态度，卢娜就是其中之一，而其他狗则可能相反。总之，我们不应该太过关注狗所谓的判断某人性格的能力。最有可能的是，你的狗注意到了一些事情，比如，你肌肉紧张，虽然只有一点点；或者它闻到了释放出来的少量的压力荷尔蒙；你犹豫了一下，呼吸急促了一些或放慢了一些，等等。狗有存储并且翻译这些信号的能力，这些信号如此微妙，以至于人类会完全忽略，而它们会将这些信号转换一下，朝着让它们不舒服的人狂吠。我的一个朋友抱怨她的狗会搞“种族歧视”，因为它会朝着任何深色皮肤的人狂吠。人们可以想象，狗是因为它的主人在遇到深色皮肤的人时做出的反应而吠叫的。我的朋友当然会全然反对这一点，但是如前所述，狗不太关心任何东西是什么颜色的。

狗的主人通常会声称，他们的狗知道自己做错了某件事，因为它会显示出典型的“犯罪行为”：它的尾巴会在两腿间迅速地左右摇摆，耳朵平贴着头部；它也会尝试小心地溜出房间。要是因此说狗知道它做错了什么，那么这意味着狗也吃过智慧树的果实，学会了分辨善与恶：这是一个不太合乎现实的说法，几乎不存在这种可能。如果你跟拍一只“犯了错”的狗，那么在“犯错”之后，当它独处时你不会看到它流露出任何内疚或后悔的迹象。只有当它的主人出现时，它才会做出上述行为。因此，很有可能是主人的反应导致了狗的行为，而不是狗意识到了自己做错了事情。可以举个例子来印证一下：房间里有条狗，它并没有做错什么，但它的行为举止却仿佛它做错了什么。它的反应会与确实做错了事情时的状况完全一样。做了错事的狗并不知道自己做了错事。它唯一知道的就是你的不满是朝着它的方向来的，因此就地躺下是一个好主意。尽管如此，我的狗也知道得到原谅比得到允许来得容易，它也总是按此原则行事。考虑到狗的额叶很小——我们知道额叶是神经系统中负责自我控制的部位，我们不应该对狗的自制力有过高的期望，至少在没有我们作为外部监督者在场的情况下。比较合理的状态是，在它们能自我控制的时候感到惊喜，而在它们做不到的时候也不要太过沮丧。就我个人而言，我对狗展现出来的自控能力和理解现场状况的能力感到印象深刻，比如小孩子会拉扯它们的尾巴，但不会因此受到攻击。

你的狗不会欺骗你，或者让你上当；这里欺骗或者上当的意思是将对方的思维引偏。然而，对狗的行为还可以这样解读。像大多数惠比特犬一样，我的狗像“豌豆公主”故事中的公主一样娇气。它非常迷恋舒适的生活，对任何让它感到不舒服的东西忍耐力极差。被划到让它感到“不舒服”阵营里的东西包括下雨和寒冷，对此大家也都毫无异议。如果我们在雪中或雨中散步，它就会抬起后腿，开始一瘸一拐地走路。通常我会认为它觉得脚疼，因此会提前结束散步早点回家，好让它休息一下。然而，我突然发现，在回家的路上它还会继续跛行，但当它再次开始走路时，它会改用另一条后腿跛行。它似乎已经“忘记”了受伤的是哪条腿。这就很容易得出一个结论，它就是想骗我相信它的腿有毛病，这样它就能摆脱户外的恶劣天气，很快回到家里，蜷缩在炉火旁的床上。然而，这种假设可能夸大了狗的狡猾。这就意味着狗有所谓的元认知（metacognition）能力，就是能够认识到自己在思考什么，但是我们几乎没有理由认定狗拥有这种能力。一个简单得多的解释则是，狗以前曾注意到在它的跛行与尽快结束散步之间存在着某种联系，因此现在它如果想尽快结束散步，有时就会一瘸一拐地走路。也许这只是因为狗一开始感到这条腿疼，一会疼痛又转到了另一条腿上。

狗在危急时刻是守护天使吗？有些狗是这样的。我们都读过有关狗救了溺水儿童、狗向外求救请求别人来救援自己的主人等故事。狗可以为聋哑人和盲人提供很多帮助，可以帮助主人远离危险。还有搜救犬，它们在寻找被雪崩以及类似的天灾困住的人员方面做得非常出色。美国有一个动物食品品牌专为动物做了一个“名人堂”，表彰那些在拯救人类生命方面表现出色的动物。几乎所有获得这一殊荣的动物都是狗，当然也有几只猫，也包括那只又聋又哑的猫宝宝。它在主人心脏病发作的时候唤醒了他的妻子，对方才惊觉，从而救了它的主人一命。虽然我并不怀疑这些故事的真实性，但我们不能就此断言在你或其他人需要时，狗通常就能给予帮助，或者狗会做上述这些事情。我们通过大众媒体了解的事件有失偏颇，我从来没有见过这样的新闻标题：“有人从梯子上摔下来，动弹不得，只因他的狗没有提醒附近的人及时救治，导致他不治而亡。”

在你有困难的时候，狗会帮你吗？很可能不会，原因很简单，它可能不明白你需要帮助。在一个以此为研究目的的实验中，研究者创建了两种场景。在第一个场景中，主人假装心脏病发作，狗看见主人抓挠自己的胸膛，大口喘气，然后“不省人事”地倒在地板上。在第二个场景中，一个专门打造的、用特别轻质的材料制作而成的书架，倒在了主人身上，把他们压在地板上动弹不得，他们大声呼救。在这两种情况下，狗事先都被引见并认识过一个人，此时它们可以向此人求助。然后，研究者对狗进行了 6 分钟的观察。那么，狗做了些什么呢？在大多数情况下，它们会走到主人身边，用鼻子或腿轻轻推他们一下。有些狗只是在周围走动，嗅来嗅去。很少有狗发出任何声音，或者向房间里的另一个人求助。只有一条狗碰了这个人，但它也只是跳到他的腿上打了个盹而已。可以说，几乎没有一条狗能做些什么事来帮助它的主人。对此的解释是，狗并不是不想帮忙，而是它不清楚主人需要帮助，因为它并不知道什么是意外或者是危及生命的情况。这个实验在书房的设计上有所欠缺，那就是没考虑到气味的问题。如果狗能感受到它的主人分泌了应激激素，那么结果也许会有所不同。在这种情况下，我们可以想象它们会闻到主人散发出的需要帮助的气味。但这只是猜测，如果狗并没有注意到主人突然跌扑在地上，结果就不会有任何不同。

这可能会让我们养狗的人心生沮丧，但是你也不能因此去指责它们，因为它们无法理解那些它们并不具备先决条件去理解的东西，就像你无法指责狗不会解微分方程一样。那么，对那些帮助过主人或者他人，或者有其他类似情况的狗又怎么解释呢？很可能是那条狗发现情况奇怪或感到不舒服，并尽其所能做了应对。有很多狗帮助人类或其他动物的合理可信的故事，这些故事都很感人，而故事之所以感人就是因为这些狗是异乎寻常的。我们不应该轻信它们就是规则和标杆，并且仅仅是因为我们希望它们这么做。

要了解狗，先从你和狗拥有的共性开始吧。如果你真的想理解它，那么你必须对你所不具有的特性持开放态度。狗是狗，它不是人，一条被主人像人一样过分对待的狗很难感到快乐。

13

当一只猫是什么体验

当一只猫是一种什么样的体验？从我小时候开始，我就问过自己这个问题，因为我家养的第一个宠物是一只猫。它的名字叫菲亚，此前是一只流浪猫。在收留菲亚之后，我家又养了弗里德约夫，再后来，我家又出现了双胞胎缅甸猫拉斯和盖尔。虽然它们中从没有谁能用正常的语言向我讲述作为一只猫的感受到底是什么样的，但是不管怎么说，它们发出的声音、做出的动作告诉了我很多。我与这些猫共同度过的那些岁月，使我得以一窥它们的世界。尽管如此，人们也不得不承认，要从猫身上汲取些许信息要比从狗身上困难得多，不仅仅是因为猫盯着你的时候面无表情——它瞪着眼睛看着你，不会流露出丝毫情感，除非你自行做出解读，这使得它们跟狗比起来更像一个谜。这大概就是在很多故事中，猫都具有超自然能力并且参与了很多阴险计划的原因吧。

我们很难用训练狗的方法来训练猫。它们可以学习如何在一个地方吃东西，或者把一个放在某处的装满沙子的托盘作为厕所。它们也可以自学一些东西，比如当盖尔发现如何开门以后，它会继续使用这个方法。然而，如果你想训练猫学会一些事情，比如听到你的命令后打滚，或者你扔球它去捡，等等，那么你应该比平时要多些耐心。在很多情况下，如果猫想学会些什么东西，我们就很容易认为它会有某种目标表征。

拉斯和盖尔都不喜欢被关在房间里，并且盖尔知道如何解决这个问题，它会跳起来用前腿把门把手拉下来。如果要对这一点做一个合理的解释，那么我们必须假定盖尔有喜好、有记忆、有对未来的把握，以及有能力调整它的行为，等等。简而言之，要学习这个，它需要具备相当发达的意识。虽然它没有任何语言学意义上的有条理的想法，但它头脑中可能存在某种形式的心理图像。我们人类也有这样的心理图像，比如现在我脑海中就会浮现出盖尔跳起来开门的情景。虽然并不是所有的行为都同样复杂，但它们却表达了某种偏好和意图。拉斯和盖尔讨厌坐车，它们坐车时会大声发出冷酷无情的“喵喵”声，大概确实在有意地向我们传达它们此刻的心情有多糟糕，因此每逢此种情形我都会把它们解救出来，使它们免于这种折磨。因此，认为它们能表达沟通意图也并非不合情理。

拉斯是一只重约 8 千克的大猫，但仍然不到我体重的十分之一；盖尔的体重不超过 5.5 千克。它们远不及我的膝盖高，所以大多数时间里它们看待这个世界的视野高度远比我低得多。在其他时候，它们会跳到架子上或其他地方，可以从比我高的角度俯瞰。它们也可以直来直去地上下移动。我们人类可以“停留”在三个不同的高度，这取决于我们是躺着、坐着还是站着，而猫可以不断地跳上跳下，而且它们经常选择跳过，而非绕着东西走过去。它们在室内的存在方式和我们不一样。猫的空间比人类的空间更为纵向，而人类的空间是横向的。在一个重要的方面，人类和猫倒是一样的：在我们感受世界的过程中，视觉都占主导地位。除了人类和其他灵长类动物以外，猫是唯一一种倚仗视觉更胜于嗅觉的哺乳动物。不过，猫的色觉也不是特别好，它们近距离的视力很差；不过反过来说，它们可以在几乎漆黑的环境中看到东西。

猫一般不善于表达感情，而且大多数家猫不会制造很多噪声。就像我养的第一只猫菲亚，它是家里绝对的大佬，无声无息地从一个个房间溜进溜出，在窗里窗外蹿来蹿去。但是，拉斯和盖尔即使按照缅甸猫的标准来看也很聒噪；除了睡觉的时候，它俩很少能安静下来。它们说的话我几乎一点儿也不明白，而且我怀疑那些话并没有什么实际的交流内容——当然人类的谈话也经常如此。我觉得那就是它俩在闲聊罢了，像是某种社交黏合剂。

猫会说话，但它们说的是猫语，这不是一种语言，我们对它也并不完全了解。你最终能学会区分不同的猫叫声，从饥饿到焦虑到抱怨，并且明白什么叫声代表它们渴望陪伴。例如，表达饥饿的喵呜声尾音音调会升高，而代表焦虑的喵呜声尾音音调则会降低。表达饥饿的喵呜声会以同样的方式重复一段时间，重音会放在第一个音节上，同时语调会升高。将这些声音翻译过来很可能就是："我命令你立刻给我一些食物！"你得让步，否则猫就会一直叫下去，届时你将不堪忍受。顺便说一下，蔬菜可不在它们的食物选项中；猫是只吃肉的食肉动物。可能猫的主人很少思考这种喵呜叫声的变化。更准确地说，理解是通过与猫的互动所获得的所谓隐性知识。我们对动物的理解大多都是隐性知识，意思是不能以语句形式表达的知识。我们的生活中充满了这种无法表达的个体知识。

你要学会区分自怜的喵呜声和表达心满意足的普通喵呜声。在猫生病、受伤或濒临死亡时，它们又会发出不同的喵呜声。但是对我们来说，它们听起来都是猫的喵呜声。不可否认，一开始这只是母猫与幼崽之间的一种交流形式，但是除了我们人类外，成年猫不会向其他成年同类发出此类声音。喵呜声的频率大约为每秒震荡 25Hz，这在人类的耳朵所能感知的范围内，无论是公猫还是母猫，幼崽还是成年猫，大猫还是小猫，频率都是一样的。除了在发情（任何曾养过母猫的人都能证实那是一种相当刺耳的声音）以及生气的时候，成年猫通常不会相互交谈。它们发出的声音主要是为了适应我们的听力范围。许多猫坐在窗台上看着外面的鸟时，也会发出一种特有的尖锐刺耳的声音。我们不知道为什么它们会发出这种声音，但一个普遍的假设是这只猫试图模仿鸟的声音，这是它们捕猎动作的一部分。这个假设在别处也可以得到证实，在野外观察到大型猫科动物在捕猎猴子时，也会发出与猴子的声音类似的声音。另外，半夜里在我们熟睡之时，还有一些猫会大声地“喵喵”叫，这似乎并不是针对我们发出的。但首先，猫会对我们人类说话，几乎所有养猫的人都会和他们的猫交谈。如上所述，很多时候我们不懂猫在说什么，猫也不懂我们在说什么；但是这是一种语义学之外的深层交流方式。你和猫之间能交流是由于你能够识别它们的语言，即便兽医都没有发现任何问题，但如果你觉得有什么不对劲，那么你最后还是会对猫进行更彻底的检查。虽然猫能发出各种各样不同类型的喵呜声和呜呜声，但是没有一只猫能像我们人类组织语句一样，把叫声串连成更长的意义单位。

像其他猫一样，拉斯和盖尔很嗜睡，但它们早上如果比我起得早就会很高兴。它们会想让我喂食，为了实现这个，它们会开始小声“喵喵”叫。接着它们通常会用爪子反复按我的鼻子。如果我没有立即醒来，接下来它们就会舔我的光头，因为猫的舌头很粗糙，所以我的头很快会被舔得很疼。如果我想再睡一会儿，就会把羽绒被拉过来盖到头上，这时拉斯会跳到床边的窗台上，用爪子挠百叶窗的窗帘，一遍又一遍，声音很是刺耳。我不得不放弃睡觉，起床喂它们：它们总是能取得斗争的胜利。

猫用它们的叫声来控制我们，养在不同家庭的猫都用各种各样不同的叫声来让主人去给它们喂食或者让它们出去。拉斯和盖尔最喜欢做的一件事情就是喝淋浴喷头流到地板上的水，如果它们发出一种特殊的喵呜声，那就表明它们想这么做。这时，它们就会去洗手间，打开淋浴的开关，站到安全距离外，然后再关上开关，这样一来它们就可以喝到地板上积存的水了。住得很近的猫不一定会发出相同的声音来表达相同的诉求，即使你能听懂自己养的猫的叫声，也不一定就能听懂邻居家猫的意图。如果我无视它们觅食的叫声，比如说，我坐在沙发上想读完一本书的某个章节，拉斯就会跳到电视凳上，有条不紊地把光盘一张张地推过来又推过去，或者躺在地板上把我的书推来推去，用责备的眼神看着我。

它们俩之间有明确的角色分工，拉斯是双胞胎中的哥哥，它总是先吃东西的那个，也是承担更多辛苦工作，比如叫醒我的那个。盖尔比较保守和谨慎，但在技术方面，它要更擅长一些。例如，如果我把它们关在卧室外，那么负责开门的总是盖尔，它会跳起来抓住门把手。我从未见过拉斯开门。虽然它们俩是双胞胎，除了一个稍瘦一个稍胖之外，外表几乎一模一样，但是它们的性格截然不同，如果可以用性格这个词来形容人类之外的其他动物的话。拉斯无畏而强壮，盖尔则更加谨慎和聪明。此外，它们同样具有社交能力，无限渴望拥抱。到目前为止，我对所有行为的描述都是经过深思熟虑的，相当容易理解。

其他时候，猫的意识是完全无法理解的，就像它坐在那里，盯着一个看起来空荡荡的角落，可以盯上一个小时。无论我多么努力试着去看角落里到底有什么，我都什么也看不出来。或者，有时候猫到底在想什么，我什么都不知道。举例来说，大约一天一次，经常是在同一时间，它似乎彻底疯了，从一个房间跑到另一个房间，跳到窗台上，然后又跳到书架上，再然后是跳到地板上，再跳到长凳上，又从上面跳下来，仿佛要在最短的时间内占据公寓的每一平方米。这种行为的目的是什么？我不得而知。即使我们有能力对这些“癫狂行为”做出非常完备的物理描述，并详细勾勒出猫的大脑中最细小的细节，也无法保证我们就能说出猫的体验到底为何。或许我们可以谈谈猫的大脑中到底是充满了喜悦还是悲伤，因为人的大脑结构和猫的很相似，但除此之外就没什么值得一提的了。

至少，猫给我们的日常生活带来了一些审美体验。我的狗又瘦又壮，它能跑得飞快，可以达到每小时 50 千米，看着它跑步是一种乐趣。但应该说，它的这种状态维持不了多久，因为它是短跑运动员，而不是长跑运动员。短途奔跑对它来说绝对是一种快乐，而长时间慢跑则是一种无聊的折磨，比如当它和我一起慢跑的时候。然而很奇怪，在它不奔跑的时候，它会变得相当笨拙，丧失了很多身体上的美感。然而，我的猫一直都很优雅，只是偶尔会有意外，尤其是在地面更光滑或地面状况不太稳定时。但总的来说，它的身体的运动技能几乎是完美的，而且看起来它似乎总能轻易地从一个地方跳到另一个地方，像羽毛一样柔软。同样令人惊讶的是，猫总是能四脚着地，即使它四脚朝天从空中落下。在猫两个月大的时候就开始学习这门艺术了，并且在一生中会不断地加以完善。猫做起这一动作来如行云流水、毫无困难，我们很容易就会将它视作一种纯粹的本能，但这确实又是猫真正学会的一种本领，然后再进一步加以发展。

有一个老笑话讲的是关于狗和猫之间的不同。狗想的是："我的主人让我身上暖暖和和，浑身干爽，他们给我吃的，给我爱，和我一起玩，他们就是我的神！"然而，猫想的却是："我的主人让我身上暖暖和和，浑身干爽，他们给我吃的，给我爱，和我一起玩，我一定是神！"当然，狗和猫都不会这么想，但这个笑话说明了我们对这两个物种与我们之间关系的感觉。我经常能感觉到来自我的狗的爱慕，但从来没有从任何猫身上感觉到过。在这个世界上，猫认为得到什么都是理所当然的；它照顾自己，享受自己喜欢的生活。它既不会担忧昨天也不会担忧明天。

猫以其能使自己过得舒适的能力而闻名。那些生活在野外的动物每天花在"工作"上的时间很少超过一小时，甚至狩猎也变成了一种娱乐游戏。它们工作的原则往往是抓住任何出现在自己眼前的机会，而不是刻意去捕猎。换句话说，它们与工作的关系很松散。在某种程度上，大多数家猫在野外可以独立生活，但是这一点几乎没有任何其他宠物能做到。

了解猫就要了解它们的喜好，不同猫的喜好差别很大。为了显示对你的信任，有些猫喜欢露出自己的肚子，而其他猫则喜欢人摸它的肚子。然而，人们也应该注意到，一些猫就是喜欢以这种姿势睡觉，你的手如果靠得太近就会被咬伤。猫有一种不可思议的能力，能让我们使它的生活过得更舒适。据说有一天，有人请穆罕默德祷告，他脱下了长袍以免惊醒睡在衣领上的猫。这个故事的另一个版本则是，他剪掉了长袍的袖子以避免吵醒猫。我们真的为我们的宠物竭尽全力。米歇尔•德•蒙田曾有过这样一句名言："在我和猫一起玩的时候，谁知道是它在跟我消磨时间还是我在跟它消磨时间？"虽然像猫这样没有表情的动物，我们不清楚能了解多少，但是如蒙田所说，他和猫在互相陪伴，一起玩耍，这是很公平的说法。这里有一些互惠性：正如蒙田可能在试图训练猫，猫也可能在试图训练蒙田。当人类和动物生活在一起时，就会相互影响。然而，我们必须承认，一旦你允许一只猫进入你的生活，通常就意味着猫训练你比你训练它更多。猫不喜欢适应他人，无论在何种程度上，训练一只猫都异乎寻常地困难。有个词叫作放猫（herding cats）[①]，指试图控制或管理一群混乱的个体，指代不可能完成的任务。这个表述十分恰当，

① 字面意思是把猫赶到一起。——译者注

因为猫是极端的个人主义者，不会从众。

是猫选择了我们，而不是我们选择了猫。它们搬到人类居住地附近，因为这对它们有好处，而我们也允许它们这么做。然而，狗则是积极地被驯化的。人类和家猫的关系可能开始于一万多年前的中东地区，从那时起到现在，猫的变化很小。有关猫的记载，最古老的例子发生在9500年前，虽然有文字记载一只猫和一个人埋葬在一起，但我们不知道它是不是宠物。有关猫作为宠物的形象的最古老的描述，大约出现在4500年前的埃及艺术中。不过，猫和人类有很长的历史渊源。在历史长河中，人类改变的不仅仅是猫——就算不是在基因方面，也是在生活方式方面。通常在进化过程中，其他被人类驯化的动物会在外表上有所改变，比如它们的耳朵开始下垂，犬齿变得更小，而且体型经常会变得更加弱小。在很大程度上，所有这些变化都与猫无关。但是发生了一个主要的变化，那就是相对于野猫的大脑来说，家猫的大脑容积缩小了三分之一，大脑中与恐惧和攻击有关的区域的缩小尤为明显。

在进化的过程中，它们对我们感到恐惧的自然倾向减少了，它们变得更善于接受情感，因此这也是我们喜欢它们的一个重要原因。

猫在进化上的一个进步，就是它们在脸型上与人类很相似，尤其是与儿童近似。它们也有圆圆的脸、圆润的脸颊、大大的额头、小巧的鼻子，尤其是位于脸的前方中间的大大的眼睛。有理由相信，我们对猫的迷恋是因为它们看起来和我们相像，因此我们倾向于在它们身上投射更多的自我。

正是因为猫不是成群生活猎食的动物，所以它们的表达能力才如此有限。当然，猫会喵喵叫，发出呼噜声，蹭你的腿，露出肚子表达它们的需要、喜爱或信心。嘶嘶声、把毛竖起来、拱起背部和翘起尾巴则暗示着相反的意思。猫在高兴的时候不会摇尾巴，而且除非遇到攻击，否则它们也不会放平耳朵。如前所述，它们的脸上几乎没有表情。为什么在整个自然历史进程中，猫发展出了更丰富的表达技能，但却没有一个群体可以令其表达这些表情呢？

不建议近距离盯着一只不熟悉的猫的眼睛，因为这是一种过度挑衅的姿态。在这样做之前，你应该多做一点了解。然而，你可以半闭着眼睛看它，然后慢慢地眨眼，这样能营造出一种轻松愉快的氛围。你可以和猫进行交流，即使在你问话的时候它也很少理睬你。猫能识得它们主人的声音，但与狗不同的是，这种认知似乎也不会让它们提升多少兴趣。它们耳朵的动作表明它们能很好地听到我们的声音，但它们毫无兴趣。猫也不会像狗一样，从我们这里寻求过多的保护。就社会性而言，不同品种和个体之间存在着很大的差异，但是一般来说，人类和猫有不同的社交需要。对大多数人来说，与极少数人（那些最亲密的人）之间的连接，构成了他们生命中最大的意义。大多数猫不喜欢这一点。很可能你对你的猫来说还不如它对你来说重要一些。作为一个养猫的人，你可能希望自己是个例外，你希望自己对你的猫来说是完全不可替代的；但是你却不能因此而责怪它：这就像责怪它不会飞、不会读哲学书一样。

在这个星球上，宠物猫的数量是宠物狗的 3 倍。考虑到人类与猫之间的单边关系，这个数字显得有些奇怪：我们努力确保猫很好，而且猫确实很好。猫当然不会像我们说的那样好，而且除了抓小的啮齿动物之外，它们没有任何实际用途。但是即使是在这方面，它们的作用也有些被夸大其词了。狗可以守卫、狩猎、拉和运东西以及起到保护作用，至少在某些时候如此。因此，我们与狗合作并不奇怪。然而，猫则……人们很容易会将养猫描述为利他行为的典范，但这并不是完全正确的，因为我们确实从中得到了某些收获，比如我们被允许分享猫的一部分生活，而猫的生活非常丰富多彩。

你的猫爱你吗？这取决于猫、你以及你们之间的关系。

大多数猫不像狗一样爱你，但是它们会接受你作为它们生活中的一个中心和令人愉快的部分。你能让猫过它喜欢的生活。食物总是排在日程的前列，但只要你和它们达成某种共识——你应该尽量遵守以避免它们心生抱怨，你们就会有相互关爱的可能性。但是，猫与主人之间的关系并非纯粹提供食物和住所的关系。如果你出门旅行，把你的猫交付给一个很好的保姆，那么即便对方给予它同样多的食物和关爱，比起你在的时候，它也仍然会显得不太高兴。你的猫见到你会很高兴，即使它不会像狗一样表达得那么明显。说实话，我养过一些猫，在我回家的时候，它们不会明显地表现出高兴；但我也养过那么几只猫，它们在我回家的时候，会表现得兴高采烈。

14

章鱼的心思有谁知

理解那些最接近我们的动物，比如灵长类动物、狗和猫等哺乳动物是一回事，那理解那些距离我们最远的动物又会怎样呢？一个有趣的例子就是章鱼。早在 5 亿年前，人类在进化历程中就和章鱼分道扬镳，各自进化了。相比之下，大约在 8500 万到 1 亿年前人类走上了和猫狗不一样的进化道路，猫和狗在 3000 万 ~ 4000 万年前各自进化，而我们人类也在 600 万 ~ 700 万年前从黑猩猩中分离出来。虽然我们不太清楚我们与章鱼的共同祖先究竟长什么样，但是一个合理的猜测是，它是一种稍微扁平的蠕虫，有几毫米长，有一个原始的神经系统和光感受器。

在几乎所有意义上，章鱼与我们之间的距离如此之远，看起来我们不可能理解它们。章鱼的身体非常柔软，既没有骨头也没有形状。它的嘴长在腋窝里。它可以挤过非常小的裂缝，喜欢逃离水族馆。大型太平洋章鱼可达 5 ~ 6 米长，非常健壮。成年章鱼的每个吸盘能吸举起 13 ~ 14 千克的重物，而每只章鱼就有 1500 ~ 1600 个这样的吸盘。

大多数动物只有一颗心脏，而章鱼有三颗，它的心脏泵出的血液是蓝绿色的，这是因为其血液中的氧气与铜结合而不是与铁结合。它们的皮肤能生成复杂的图案，并且有一种惊人的能力——从这一时刻到下一时刻会瞬间改变颜色。这种能力部分由于它们需要伪装，因为章鱼的身体如此光滑，没有任何防护；颜色的改变也能传达出某种精神状态，可以看出它们的心情到底是好还是坏。有一个广泛的观点是，章鱼在放松的时候皮肤是白色的，而烦躁的时候皮肤呈红色。除此之外，我们几乎不了解章鱼展示出的颜色所携带的信息。有人可能会怀疑这种色彩变换是为了与其他章鱼进行交流，但这不太可能，原因很简单：章鱼是色盲。章鱼的眼睛看起来很温顺；即使它们的头是斜着的，它们的瞳孔也呈黑色的水平条纹状。得益于发达的晶状体，它们目光敏锐——这种晶状体和我们人类的有些类似，当然很可能它们的皮肤也能“看得见”，因为它们的皮肤内含感光器。你能想象用你的皮肤“看”是什么感觉吗？坦白讲，我们不太了解这些感光器的工作原理。它们对光有反应，但我们不知道信息是否会被发送到大脑。章鱼对自己身体的体验肯定和我们很不一样。

我们在看章鱼的时候跟我们照镜子时看到的完全不一样。

相反，看着它时就像看着外星生物一样。我们能理解一种与我们如此不同的动物吗？究竟又有什么是需要我们去理解的？最后一个问题的答案似乎证实了这一点：章鱼显示出如此明显的智慧迹象和丰富的意识，肯定有些东西是我们想去理解的。问题在于我们是否有能力去理解这种陌生的意识。在我们比较人与猴子、狗或老鼠时，大脑中的相似之处给我们提供了一个可供比较的基础。我们可以指向人类和动物的某些神经结构，如果某种特殊的心智能力能与人类的某种特殊的神经结构联系在一起，我们至少就有理由去探究一下具有类似神经结构的动物是否具有类似的心智能力。但这种做法在研究章鱼的时候毫无用处。我们的大脑分为 4 个脑叶，而最复杂的章鱼大脑可以分为 75 个脑叶。因为人类的大脑与其他哺乳动物的基本结构如此相似，所以我们可以将二者进行比较，但是在章鱼这里我们就没有类似的机会了。太平洋巨型章鱼有 5 亿个神经元，几乎和狗的神经元一样多，比猫的神经元还多。相比之下，我们人类的神经元数量大约是章鱼的 200 倍。这个用神经元的数量来衡量智力的指标稍微有些问题：说得委婉些，许多鸟类的神经元数量相当有限，但它们能够解决相当复杂的任务。然而，神经元的数量至少可以告诉我们一些关于潜能的事情。章鱼的一个不同寻常的特征就是它超过 2/3 的神经元在触须上，这就意味着很有可能它主要是用触须来进行“思考”的。它的触须甚至有短时记忆，在被砍掉几个小时后，依然可以继续之前的任务。用你的手臂思考是什么感觉？章鱼大脑的位置也有一点不同寻常，因为它位于食道周围，因此章鱼如果吃了某种尖锐的东西那就很不走运了。

如果你想了解章鱼，那你就必须首先看看它们的行为。在解决各种实际任务时，章鱼明显展现出具有一定水平的智力：它们可以使用工具，但学习进程相对缓慢；它们善于穿过研究人员为它们设置的迷宫，也试图找到好的解决方法来打开具有不同开关的盒子。然而，很难教它们通过一些行动，比如拉动杠杆来获得奖励。

它们能识别和区分人，即使这些人穿得一样。很可能它们具备面部识别能力。不仅仅是灵长类动物，还有许多其他物种能做到这一点，某些鸟类，比如乌鸦也被证明具有这种能力。章鱼也可以记住它们喜欢谁或不喜欢谁，比如如果有人对它们不友好，它们就会朝这个人喷水。这不是一种一次性行为，而是一种系统性行为。如果你让几个穿着同样衣服的人站在有章鱼的水族箱前，那么它们不喜欢的那个人会最早遭到喷射。正如之前提到的，章鱼喜欢逃离水族馆，它们甚至知道等到没人看着它们的时候，比如说在结束一天的展览后，这也表明它们知道自己目前是不是被观察的对象。它们的行为表明它们能感觉到疼痛，因为它们会尽力去保护身体受伤的部位，并且它们有良好的味觉和嗅觉。所有这一切使我们有理由认为，章鱼过着一种相当丰富和主观的生活。

章鱼的寿命很短。大多数章鱼只能存活一两年，就连巨型太平洋章鱼也活不过 4 年。在它们的一生中，两性为了繁殖仅有一次性生活。章鱼也会玩耍。例如，人们已经观察到较小的章鱼能够携带两个椰子壳，它们会蜷缩在里面保护自己。在一部关于章鱼的电影中，它们蜷缩在两个椰子壳里，从山顶滚下来，然后把椰子壳搬到山顶，之后再滚下来。这几乎和人类滑雪橇一模一样。为什么章鱼会这样做？也许因为这样做似乎很有趣。从广义上看，游戏是为年轻人长大以后不得不面对的严肃生活所做的一种简单的准备，这个游戏另有目的，其目的在游戏之外。这一解释的问题在于，它没有充分强调游戏的“美学特征”。正是乐趣这个美学维度定义了游戏。这种乐趣不能被简单归结为其他的事情。有一些游戏是为以后的任务做准备的，但有的游戏只是游戏。我们说游戏具有自己的目的性，意思是它有自己的目的。章鱼沉溺其中的就是这种游戏，但这也表明了我们所称的多余的意识。

我们可以理解章鱼的某些意识，但是不会太多，因为它们与我们人类大不相同。汉斯–格奥尔格·伽达默尔将理解描述为视野的融合：在这个过程中，一个人将需要理解的事物的视野逐渐带进自己的视野。这些视野在开始时彼此离得越远，这个过程就越困难。谈到理解动物，章鱼离我们的视野实在太过遥远了。我们可以看出它是放松的还是激动的，是高兴的还是生气的，它喜欢玩耍但是不喜欢明亮的光线和被拘禁，以及它喜欢一些人，不喜欢另一些人。但除此之外，章鱼的内心世界基本上超出了我们能理解的范畴。

15

动物会感到孤独与忧伤吗

动物会感到孤独吗？这取决于你如何定义孤独。在很长一段时间内，我相信动物可以被孤立，可以缺乏刺激，但不会感到孤独。直到我的宠物拉斯生病了，最终不得不对它进行安乐死时，我才改变了这种想法。在我看来，它的孪生兄弟盖尔随后所流露出来的那些情绪，如果不用“孤独”和“忧伤”这样的词语则不足以描述。拉斯生病时，它的肾脏功能开始逐渐衰竭，它远离了盖尔。它们之前总是一起躺在沙发上或者篮子里，有时候是一起躲在卧室的被子下面，现在这种情形再也看不到了——当然，偶尔盖尔会去找拉斯，但拉斯已经无力去别的地方了。它们再也无法每天打闹了，拉斯也不再舔舐盖尔了。到最后很明显再也无力回天的时候，一位兽医来到家里，结束了拉斯的痛苦。在接下来的几天里，盖尔在公寓里四处逡巡，一边“喵呜”“喵呜”地叫，一边到处寻找拉斯。这倒也不奇怪，在过去 13 年中，它俩从未分开过一天。但是我认为这很快就会过去，我买了信息素喷剂帮助它冷静下来，它还得到了额外的爱和关注。只要它躺在我腿上就没事，但当我不得不去做其他事情时，它就又开始不断地叫唤和搜索。事情并没有随着时间的推移而好转，时间并没有治愈盖尔的创伤。仿佛盖尔生命基础中的一个重要的部分已经坍塌，没有了兄弟的盖尔异常孤独。

我不敢妄言我清楚一只猫是如何感受孤独的，原因很简单，我并不了解它的内心世界。猫和人类的生命形式不同，认知和情感资源迥异，因此，同样一种感受会以完全不同的方式呈现。然而，我们可以利用我们和动物的共同之处作为出发点，比如我们和它们有着共同的行为，这使得我们和它们之间可以进行某种形式的交流。在日常生活中，拉斯和盖尔跟我沟通起来毫无障碍，我知道它们什么时候渴了、饿了，害怕什么东西以及什么时候想出去玩，它们还会向我索要关爱。问题在于，它们是否还有更复杂的情感。我想说的是，在拉斯死后，我从盖尔身上感受到了深深的悲痛。我很难对盖尔的具体感受做出论断，此处我会被人指责是拟人论的受害者，因为我把自己失去拉斯的痛苦投射到了盖尔身上。但是，我说过，本质上，在我们试图理解动物时使用拟人论是不可避免的。如果我们想知道动物如何感受一些事情，我们就不能避免使用那些源自我们自身经验的概念，因为我们自己的主观性是我们唯一可以依靠的平台。

因此，我对“动物会感到孤独吗”这一问题的回答是肯定的。群居动物可以感受到社会性的痛苦，即便这种痛苦在动物和人身上的表现不同。有研究表明，与世隔绝的鹦鹉死得会早些。这一点甚至在蚂蚁等原始生物身上都可见一斑，但是我们不能基于此就声称蚂蚁会感到孤独。蚂蚁和人类是如此不同的生物，所以用从人类的经验中派生出来的词语“孤独”来形容这两个物种，这一点是有问题的。我们与猫和狗的交流更多，关系也更密切。如果被单独留在家里，或是因某位过敏症患者来访而被关在屋里，我的狗卢娜就会经历这种被我们称为孤独的社交痛苦，这一点我看得很真切，另外它的整个行为举止也很明显地表露出这一点。但是，它的孤独可能与影响人类的孤独截然不同。人类的孤独可以被视作对他人的期待与实际的依恋之间的落差，但是我们能认为卢娜也有类似的心智能力吗？卢娜的孤独同人类感受到的孤独不一样，别的狗在一起玩，它被排除在游戏之外，但对此它并无想法。它对自己应该与群体建立何种联结并无概念，它也没有人类所拥有的语言和符号资源，这就限制了它的情感生活只能在当时当地。鉴于人类置身于一个象征宇宙之中，人类的情感生活的维度和复杂程度各有不同。卢娜的精神生活在它的身上得到了充分的体现。

和其他人在一起的时候，我可能想知道他或她究竟在想什么，因为从某种意义上说，可能会有一些东西潜藏在表象之下，不易识别。就两个人的关系而言，因为对方的主观性中可能会有隐藏的成分，所以两个人总也无法做到亲密无间。但是这种隐藏不是因为这是表象之下的内在现象，而是因为对方有所隐瞒。但是卢娜毫无保留，所以我在和它相处的过程中就不会感受到在和其他人在一起时有时会感受到的那种孤独。狗的存在中有一种直接性，这使得某种特定类型的孤独是不可能存在的。和动物在一起会感到有意思的部分原因正在于我们之间不存在任何矫揉造作的东西。

然而，我不确定盖尔的情况是否应该被归于孤独的范畴，或许称其为悲伤会更准确；抑或两者兼而有之。一只失去至亲伴侣的猫通常会不停地找寻，反复造访那些它们曾经一起躺着和睡觉的地方。虽然气味一天比一天淡去，但这种丧失感比气味持续的时间更长。在拉斯去世之后，盖尔发出了我以前从未听过的声音，这是来自它内心深处的呼喊。它睡得很差，几乎没有食欲。它的行为和人类悲伤时并无太大的不同。我不认为盖尔是因为拉斯的逝去而悲伤，它是因拉斯的离开而悲伤。

它不是因拉斯的逝去而悲伤，因为它并没有任何关于死亡的概念，但是它想念自己的兄弟。如果拉斯死后，家里又来了一只猫，那么盖尔会做何反应？具体不太好断言，但是我认为它会对新来的猫持欢迎态度，因为它本性很友善。这可能会稍微缓和一下盖尔的孤独感，但我很难想象它的悲伤会大幅减少，不再日夜寻找拉斯的身影。盖尔并不是在简简单单地怀念另一只猫，它是在怀念拉斯。这是我的想法，当然我的想法都只是猜测。

不得不说的是，现在尚无太多人涉足研究动物的悲伤这一领域；但我们至少可以说，如果想要确定动物的悲伤状态，我们就需要观察它们的社会行为模式、饮食和睡眠习惯的变化以及其他的情绪表达。这些迹象因物种和个体的不同而有所差异，在情绪表达方面也是如此。有人或许会认为动物的悲伤与人类的悲伤在本质上有所不同，当然在某种程度上，人类的悲伤取决于其所拥有的品质。然而，人类的悲伤并非完全一致；不同的人会用不同的方式表达悲伤。所有的悲伤都有一个共同点，那就是无法承受丧失带来的痛苦。人类与其他动物所感受的悲伤之所以不同，最根本的原因或许在于我们可以提前预料到失去，在我们还没真正失去的时候就开始悲伤，因为我们知道它将要发生；比如说，某种疾病终将导致死亡。我们人类也会为从未谋面的人悲伤，比如那些我们珍视的作家或音乐家。

要确定哪些动物能意识到死亡这种现象不是一件易事。在有些动物身上，比如大象和黑猩猩，能清楚地看到它们能意识到其他动物的死亡。我们尚不肯定是否马、牛和羊等动物也有这种意识。如果某个动物不能意识到其他动物的死亡，那它也不会对自己的死亡有概念。毕竟我们只能见证他人的死亡，而不是我们自身的；这种对他人的死亡意识也能增进我们对自身死亡意识的了解。是他人的死亡给了我们一种有关死亡的概念。弗兰斯·德瓦尔就曾质疑过年老的猴子和大象是否真的能意识到自己即将死亡。当然，我不打算谈那么远。

然而，动物不需要为了哀悼而去理解死亡。它们只需要知道自己喜欢的同伴已经消失不见了，或者已经成了一个冰冷的空壳就足够了。它们悲伤是由于意识到失去了一段关系，至于它们能否意识到这就叫“死亡”或是什么别的无关紧要。悲伤中蕴藏着一种丧失感，这种感觉强大到足以使人崩溃。

悲伤不一定是因为某人死亡了，也可能是因为生命中某个举足轻重的人退出了自己的生活，比如你的一个伙伴同你结束了关系。悲伤总是和某个人有关；你失去了一个你不忍失去的人。弗洛伊德写道，忧郁和悲伤两者都包含着对失去的意识，但同时悲伤总是有一个认知明确的客体，而忧郁的人自己也不太清楚自己失去了什么。虽然我怀疑动物是否会忧郁，但是我肯定动物会感到悲伤。

有一个有关黑猩猩悲伤行为的著名例子，它来自英国灵长类动物学家和人类学家珍妮·古道尔（Jane Goodall）。黑猩猩弗林特（Flint）在它的母亲去世后，开始离群索居。弗林特出生的时候，它的母亲弗洛（Flo）已经40多岁了，这对一只黑猩猩来说年龄已经很大了。这就使得弗洛对弗林特比对它的兄姐更为宠溺。它被允许趴在妈妈怀里睡觉、爬到妈妈背上的时间比它的兄姐多了好几年。它们母子形影不离，直到弗洛最后去世。弗林特爬上了一棵树，住到了它和妈妈一起搭建的巢穴里，拒绝吃研究人员为它准备的食物。弗林特生命的源泉到此也仿佛枯竭，在它母亲逝世不到一个月之后，它也离开了这个世界。

从进化的角度来看，这种悲伤似乎有害，所以你可能会问为什么动物会发展出这样一种能力，而这种能力非但不能使之进化，反而会降低它们的生存能力，阻碍遗传基因的传递。一种可能的解释是，悲伤是从爱的黑暗面衍生而来的。

动物和人类身上都能发现悲伤情绪的存在，是因为我们有爱的能力。那些有能力依恋某人的人，一旦失去了他们所依恋的对象，就会感到悲伤。说动物拥有爱的能力在我看来一点都不夸张。

我们把和我们一起生活的动物当作个体来看待，把它们视作家庭的一员。我们至少给它们起了名字，这本身就是一种独特的、不可替代的表现。我的狗卢娜不是普通的狗，也不是随便任何一只惠比特犬。它就是卢娜，而且只有卢娜可以是卢娜。我的猫拉斯和盖尔也是如此。拉斯就是拉斯，盖尔就是盖尔，没有谁能取而代之。这种特殊的不可替代性就是为什么在我们的宠物逝去时，我们会感到难以置信的悲伤。我不愿意说这种悲伤和失去亲人的悲伤是一样的，因为人与人之间的关系同人与动物之间的关系本就不尽相同；但是悲伤都很真切，每次有宠物去世我都会哭得很伤心。在那悲伤中也有一些积极的东西，它表明了我与动物之间的感情是真挚的。

即使是你每天都和你的狗待在一起，它也只能与你做有限的交流，它永远也不会理解你对它说的话的意义。当你感到难过的时候，你和你的狗谈这件事，你是在向它说话，而不是在和它交谈。因为遗憾的是，即便它能回应你的情绪，它也不明白你在说什么。在我母亲去世后的那段时间里，我的狗看向我的次数比平时多得多；事情看起来就是这样。当然，我的狗通常会多次看向我，但好像在我母亲去世后的那段时间里，它会格外仔细地打量我。我很自然就能读懂它理解的眼神，仿佛它察觉到了我的悲伤。我也向它倾诉了我的悲痛欲绝。虽然我知道我说什么它都听不懂，但不管怎样，向它倾诉还是很愉快的，就像 7 年前我父亲去世后我向我的猫倾诉一样。理性地说，我不认为我的狗能理解我的悲伤，或者说狗能领会人类的悲伤。也许它只是感觉到我当时的状态与平时有异，所以它特别仔细地看着我试图找出原因。宠物不会试图安慰我们，原因很简单，因为它们不明白我们需要安慰。然而，在人生中的诸多艰难时刻，它们却带来了巨大的慰藉。《传道书》(*Ecclesiastes*) 中说：

> 世人有什么结局，兽类就有什么结局，彼此的结局都一样。这个会死，那个也会死，生命力全都一样，人并不比兽优越，一切尽都空虚。

我们都会死，人类和动物概莫能外。一些动物生活的时间会很长，比如说蛤蜊可以活 400 ~ 500 年，也有可以永生的水母，尽管在现实中它们会受到伤害或者被吃掉，因此也无法得到永生。据估计，格陵兰鲨可以生存 200 年，据一些研究估计，它们的最长寿命可以超过 500 年。北极露脊鲸似乎也能活 200 年。在天平的另一端，我们发现了变色龙和家鼠，它们如果不受伤或者不被吃掉，只能活一年；更不用说还有超过 3000 多种蜉蝣，它们的寿命从几小时到几天不等。人类的平均寿命正在延长，但是在不同的地方情形各不相同。在有些国家，国民平均寿命低至 40 岁，而有些国家国民的平均寿命则超过 80 岁。然而，我们不得不说，关于我们的平均寿命没有什么可值得骄傲的，我们的特别之处在于我们是在过一种有意识的生活，我们能认识到，这种生活——不管是我们自己的还是别人的，终将会结束。

16

动物有道德观念吗

动物似乎可以做出合乎道德的决定。50 多年前，研究人员在实验中发现，如果恒河猴认为自己接受食物就意味着另一只猴子会遭受痛苦的电击，它们会拒绝接受。它们为了得到食物可以戴上锁链，但是如果这意味着它们的一个同伴要遭受电击，它们也会拒绝。为此一只恒河猴坚持绝食了 12 天。以老鼠为对象的实验也得到了同样的结果。这似乎表明，猴子和老鼠等行为相似的物种理应被纳入我们的伦理体系，不是作为道德客体，而是作为道德主体。然而，这可能对它们不利。如果用我们的道德观念来审视，那么动物在很大程度上是可怕的生物。黑猩猩是其中最糟糕的。不管是雄性黑猩猩还是雌性黑猩猩，它们普遍会杀死其他黑猩猩的后代，然后把它们吃掉；如果你不用超然于道德领域的眼光来评判，就很难接受这一行为。在某种程度上，动物被视为道德赞美的合法主体，那么它们也应该被认为是道德谴责的合法主体。然而，这可能会导致相当荒谬的情况，就像在中世纪那样。

尤其是在文艺复兴时期，人们会把动物送上审判台。最著名的一个例子发生在1457年的法国，一头猪被指控蓄意谋杀了一名5岁的男孩。它所生的6只小猪也被起诉了，它们一家还被指派了一名辩护律师来陈述案情。最后，母猪被判了死刑，但小猪们被宣告无罪，因为考虑到它们年龄尚幼，并且它们的母亲还未曾来得及对它们施加影响。我们发现这样的宣判之所以令人啼笑皆非，是因为我们把这些动物引入了那个根本与其无关的规范体系。母猪并不知道杀死一个男孩在道德上是错误的。它并不具备在这样一个规范体系内认清形势的先决条件，所以这对它而言非常荒谬。但是你可能会问，老鼠和恒河猴呢？难道在它们因同伴会遭受电击而拒绝进食的时候，它们就没有意识到自己正置身于一个规范体系中吗？不一定。也可以想象，它们并没有意识到同伴正在遭受的痛苦，相反，可能是同伴痛苦的呼喊破坏了它们的食欲，也可能是对它们自身的幸福和安全的担忧刺激了它们。有人曾质疑哲学家托马斯·霍布斯（Thomas Hobbes），既然他认为所有人的行为动机都是自私的，那么为什么他会把钱施舍给一个乞丐呢？他回复这是为了减轻自己的痛苦，因为他看到有人需要帮助，自己会很痛苦。这种对动物的解释似乎有点苛刻，因为证据似乎并不充分，所以我们不太相信动物具有能做出合乎道德的行为的能力。有一些证据表明它们确实不具有这种能力。在用老鼠所做的实验中，没有任何老鼠会遭受电击，但是一旦有老鼠触碰杠杆来获取食物就会引发白噪声，这时也很少有老鼠会去触碰杠杆。

我们也不能无视动物的那些拯救了其他动物或者人类的行为，或者某个物种的一个母亲对其他物种的幼仔表现出关爱的善意行为。有很多被记录在案的案例不能再被当作轶事而不予理会。这一类轶事是数据。它们的天性不只是残酷和无情的，它们也富有同情心、乐于助人。然而，这种富有同情心和乐于助人的能力并不足以证明它们是有道德的存在。一个个体只有在以下条件下才能有道德行为:（1）存在多种行为选择;（2）个体可以从规范的角度来衡量这些选择;（3）个体可以在这些选项中做出选择。据我们所知，只有人类能够做到这一点。顺便说一下，达尔文对此表示赞同。他写道:“一个有道德的人能够反省过去的行为和动机，对某些行为表示赞成，对某些行为表示异议。”他相信只有人类才有这种能力，但是其他动物也终将会进化出这种能力。

这就是为什么我们可以对人类提出道德要求，对动物却不行。这就是为什么黑猩猩本性并不邪恶，即使从我们的道德角度来看，它们的行为也确实显得有点野蛮。人类是唯一会将自己的行为建立在理性之上的生物。这就要求人类具有其他动物似乎所不具备的特殊的认知能力。弗兰斯·德瓦尔得出结论，动物，包括他的黑猩猩在内，不能基于理性行事，因此不具备完全意义上的道德。但是他令人信服地证明了它们具有一系列特征，这些特征可以被认为是通往道德之路的基石。顺便说一句，很奇怪的是，人们总会将人类与黑猩猩而非侏儒黑猩猩进行比较，但其实人类和侏儒黑猩猩是近亲。黑猩猩的生活具有侵略性，它们的生活体系等级森严，雄性领袖高高在上；而侏儒黑猩猩的生活结构扁平化，雌性猩猩作为首领，雄性之间很少会竞争异性，战斗也很少，每个个体都经常会有求欢的机会。侏儒黑猩猩是动物世界里的嬉皮士。杀死别的黑猩猩的后代在黑猩猩群体中很常见，但这种行为在侏儒黑猩猩群体中是没有记载的。当然，人类的生活与侏儒黑猩猩的生活截然不同，与黑猩猩的生活却有相似之处。

大卫·休谟认为，动物具有某些天生的美德，如勇气、耐力、忠诚和善良，但他也强调，它们缺乏识别美德和恶习为何物的意识。然而，既然他认为动物身上具备天生的美德，那么他自然也在某种程度上认为动物的生命具有某种道德维度。动物能出于对另一种动物或人类的同情而采取某种行动吗？这似乎一点也不合理。在生物学的解释框架内，行动最终会被视为自私自利，或者是为了通过亲缘选择传递自己的基因，或者是期望得到相应的回报。但在任何情况下，动物都可以在情感上有所准备，它们有意愿去帮助或缓解其他动物的痛苦，并以一种我们通常认为合乎道德的方式来调整情绪。这样的话，我们就可以说虽然动物不应该被视为道德主体，但它们可能有一些原始的道德行为。一些动物也会像我们人类一样，能建立起某种道德差异。有些黑猩猩会区分不想给它们食物的人与不能给它们食物的人。换言之，它们可以评估某种情境，该情境产生的结果并不符合它们的预期，而它们评估的视角可以基于一个复杂的维度而非单一的维度。

有一些动物就身处道德世界之外。为了跨越这道门槛，我们不得不将一些本不属于任何动物的心理素质归到它们身上。即使动物不应该被认为具有道德品质，但是如果我们所说的“道德”指的不仅仅是能够基于同情做出行为的能力，那么并不意味着动物没有道德地位。那么问题来了，它们应该被赋予何种道德地位呢？

1975 年，法国哲学家伊曼努尔·列维纳斯（Emmanuel Levinas）在一篇文章中提到了小狗鲍比的故事。列维纳斯和他的犹太狱友们已经习惯了集中营守卫们加于他们身上的种种非人待遇。虽然他们也是人，有着人类共通的行为，但这一点是无关紧要的：因为他们是犹太人，所以要受到非人待遇。然而，偶然闯入集中营的小狗鲍比并没有区分犹太人和非犹太人，或者说非人类和人类。相反，它冲着这些犹太囚犯们睁着明亮的眼睛，摇晃着尾巴，一起过了好几个星期，后来被守卫们赶走了。鲍比丝毫不怀疑列维纳斯和他的狱友都是人类，并承认他们是人类，而守卫们却不承认这一点。对列维纳斯来说，在某种意义上，这条狗比看守囚犯的守卫们更像是一个人；他将鲍比称为“纳粹德国最后的康德主义者”。这倒并不是出于讽刺，因为阿道夫·艾希曼（Adolf Eichmann）曾提到过自己是康德的崇拜者。列维纳斯将人类和动物明确区分开来，并和康德站到了一个阵营里。列维纳斯强调，鲍比没有足够的脑力来将道德标准普世化，而这正是康德的伦理学所要求的。

康德在他的《人类学》（*Anthropology*）中写道，人类“在地位和尊严上不同于其他，比如无理性的动物，人是自主动物，具有行动和选择的自由裁量权”。应该加以补充的是，尽管康德声称动物应该被看作纯粹的东西，但它们显然完全不像其他东西。在他的伦理学讲座中，他声称如果一个人射杀对他来说不再有任何用处的狗，这种做法是错误的。但他不会说一个人扔掉一双旧鞋是正在做错事。为什么康德认为射杀狗是错误的呢？他否认这是对狗的权利的侵犯，因为它并没有权利。他也认为我们对狗没有直接的义务，但有一些间接的义务，这实际上也是我们对自己的义务。如果残忍地对待动物，我们就是在泯灭自己的人性。因此，我们应该善待动物，因为这能增进我们善待人类的能力。这种说法只有在动物与其他非生命体不太一样的时候才有意义。大多数人会立刻想到，如果一个人为了自己取乐而将痛苦加诸动物身上，那么这不仅违背了他自己的道德人格，而且对动物来说是不公平的。看起来列维纳斯是支持康德关于动物道德地位的观点的。

鲍比看到了列维纳斯的脸，但列维纳斯看不到鲍比的；这一点很了不起。对列维纳斯来说，那些不愿意给予他人类待遇的守卫们是在道德范围内的；反观鲍比，它其实认为列维纳斯是人类，却不会受到同样的道德保护。为什么对列维纳斯来说，不能将道德标准普世化这一点如此重要？但是对于尚未习得此能力的儿童，他就不会下此结论。列维纳斯伦理学的基本前提认为，伦理源于与另一个人面对面的相遇，对面的面孔上显露出的弱点是道德的源泉。那么问题来了：只有人类才能有面孔吗？只有人类才能适应道德的存在吗？

列维纳斯一眼就能看到鲍比的脸：它有两只眼睛、两只耳朵、一个鼻子和一张嘴。此外，这张脸上有一种意识。很明显通过列维纳斯对鲍比的描述，我们得知鲍比将他和其他犹太人都视作有价值的人：而那些没有意识的东西是无法辨识你的。那鲍比真正缺失的是什么？是它眼睛的颜色不对，还是鼻子太长了？针对这些问题，列维纳斯回答说当然不能否认动物也有面孔，并声称，比如只有通过狗的脸，我们才能理解一条狗。

列维纳斯明白动物有需求，即使是人类的需求都没有动物的那么明确，因为人类的需求会被从文化的角度加以解读。然而必须说，虽然动物的需求比人类的需求更明确，它们对于动物来说也是必不可少的，但其间同样存在弱点。同人类的面孔相比，动物的面孔不具备同样的“纯粹形式”。在列维纳斯看来，动物的生命完全是在为了生存而奋斗。这是一种伦理之外的生活，也正是动物不具备与我们相同的道德力量的原因。他认为动物既不具备真正对别人感兴趣的能力，也无法纯粹地因他人的利益而去关怀他人。

动物的生命具有纯粹的活力（pure vitality），完全被自己的需求束缚（trapped）住了。它过的是一种完全自我封闭的生活。但是，人性的特点具有开放性。人类可以超越自己的生物性，这意味着人类能够为他人牺牲自己的生命。

人们可能会对这些说法感到疑惑。从列维纳斯的描述中可以看出，在他和他的狱友看到的鲍比，眼神中不存在任何“为生存而斗争”的迹象，更多的是善良和奉献。这种眼神如此坚决，可以被归入开放性的范畴。列维纳斯明确写道，鲍比欢迎他们。那么，那些甘冒生命风险去拯救自己的后代和自己的主人的动物呢？更重要的是：对于一种首先将他人的弱点置于首位的道德来说，人们会认识到我们与动物之间共通的弱点足以将动物也纳入道德的范畴：这是列维纳斯对道德的理解。正如列维纳斯有点心不在焉地说的，因为动物无疑会遭受痛苦，所以我们不应该让它们遭受不必要的痛苦，但就这样听其自然吧。

17

人类和其他动物本质上有何不同

我们所说的“动物”这个词的内涵到底是什么？在现代生物学中，通常将动物定义为多细胞有机体，无法进行光合作用，摄入营养物质并在肠道内进行消化。这样一来，变形虫就被摒弃在动物的范畴之外。还有些生物游走在灰色地带，比如海绵。海绵没有器官或者肠道，但是它们有执行不同任务的不同细胞，从这方面来说它更像动物。即使海绵缺乏一些必要的、使其成为动物的要素，人们通常也会把海绵和动物相提并论。然而，很显然，在动物与植物之间没有一个特别明晰的界限。“动物”的范畴如此庞杂，各种生物体千差万别，如果将其视为某种程度的统一体就是一种误导。

大多数人将“动物”理解为“除了人类以外的所有动物”。这样做的问题在于，这么简单地将整个世界一分为二是否合适。在这个分类体系中，人类独来独往、独一无二，而其他所有具备自运动能力的生命体被统一划分到一起。因为我们通常把世界一分为二，人类在一边，动物在另一边，所以我们很容易忘记人类自身也是动物。达尔文并不是将人类正式归入动物王国的第一人。比如，卡尔·冯·林奈（Carl von Linné）在一封信中就曾写道，从自然历史的角度来看，在人类与猴子之间并无基因差别。他还继续写道，如果他把一个男人称作猴子或者把一只猴子称作男人，教会就会来找他的麻烦。但他还是强调说，作为一个自然科学家，他那么做才是正确的。然而，我们人类还是具有一些在动物王国中尚未发现的重要特性，或者说起码两者不在同一个维度。

虽然我们接受了林奈对动物的分类，从他的时代一直沿用修正至今，但是我们也可以使用完全不同的分类。在林奈之前，通常是根据动物的运动方式（爬行、行走、游泳或飞行）、生存的场所（水里、地表或空中）及其形状对动物进行分类的。我得承认，这样的划分有一定程度的合理性，我从来不会认为鲸鱼不是鱼。澳大利亚鸭嘴兽是爬行动物还是哺乳动物？那取决于你想要强调什么。最简单的答案也许是说鸭嘴兽既是爬行动物也是哺乳动物。之所以会有这种困扰，就是因为我们试图以一种符合逻辑的方式对世界进行分类，动物必须是非此即彼的。对于鸭嘴兽本身而言，这并不是什么大问题。分类总有一定程度的随意性。我们可以以不同的方式对世界加以分类，然后选择其中的一些我们本可以不选择的方式。因为我们对世界的分类中一方面包含了动物王国，另一方面包含了人类，所以我们的分类有时会稍显武断。这种分类的一个重要特征还在于它有助于我们去体验整个世界。这种分类方式把动物划入和人类截然不同的阵营，因此在更大的程度上，我们也会看到它们和我们有本质上的不同。

最终，存在的都是独立的个体。同一物种的不同个体之间有很大的差异。有些狗很勇敢，有些狗则很胆小；有些狗社会化程度很高，有些狗则很害羞；有些狗情绪稳定，有些狗则反复无常；有些狗很强势，有些狗则性格温顺。猫也一样。尽管我的猫拉斯和盖尔是双胞胎，它俩有着相同的基因，除了在体型上拉斯比盖尔大得多之外，它俩外表几乎一模一样——饶是每天一起厮混，它俩个性也明显不同。将它们都称为“猫”掩盖了这些差异。但是为了更好地理解这个世界，对所有这些独立的事物做个大概的了解，我们就必须进行概括，并且有些概括会比另一些更恰当。

至于人类与其他物种的区别，可以有很多种说法：有灵魂，有自我意识，知道自己必有一死，拥有语言和理解能力，能使用和制造工具，有幽默感，有历史意识，拥有美感，有识别客观现实的能力，有能力对思考做出思考，拥有道德，等等。过去我以为动物不会感到无聊，我的观点和约翰·沃尔夫冈·冯·歌德（Johann Wolfgang von Goethe）的论断类似，后者认为如果猴子也会感到无聊，那它们就和人类无异了。现在我不这么认为了，同样的情形也适用于很多其他物种。当然这不意味着我就因此将其视为人类，这一点并非两者之间的区别，但是至于说区别到底为何，我也很难说清楚。

最近有证据表明，在许多其他动物物种的相关变种中发现了越来越多的、曾经被认为是人类独有的特征。通常，这些特征首先在猴子身上得以证实，然后是其他哺乳动物，还有一些是鸟类和其他物种。这些特征都与类似使用和制造工具、用手势进行交流、教学以及预测未来事件等有关。使用工具的行为很普遍。埃及秃鹫会用岩石来敲开鸵鸟蛋，而海獭则会用石头来撬开蛤蚌，黑猩猩可以把两块石头用作锤子来压碎坚果。

达尔文声称制造工具是人类独有的能力，但这也不合情理。1960 年，珍妮·古道尔记录了坦桑尼亚的黑猩猩不仅会使用工具，还会制造工具。这一报道引起了轰动，后来也在无数其他研究中得到印证。在制造工具时，它们不是一直盲目尝试直至找到一个可行的、解决实际问题的办法，反而会事先加以思考，然后再去尝试一个特定的解决方案是否可行。黑猩猩会把树叶压碎做成海绵，用它从中空的树洞中取水。

它们会把树枝上的叶子撸光，这样就可以把树枝戳进小洞里去收集昆虫。更令人印象深刻的是，它们可以把不同的工具结合起来使用：它们用一个工具来穿透表面，用另一个工具把洞口扩大，然后用第三个工具来收集里面的食物。成年黑猩猩会教自己的孩子如何去使用这些工具，它们似乎也会为未来可能用到的工具进行有意识的储备。

一方面，如果考虑到这些数不清的特性，那么动物与人类之间的距离比我们以前认为的要小。从这个角度来看，我们有充分的理由认为我们与它们之间的区别变得越来越小了。另一方面，许多研究也展示了这些能力是如何在人类和其他动物身上出现的，揭示了两者之间的区别。按照康德的观点，要回答人类与动物之间的关键区别应该是什么这个问题，我们大概要先回答以下这个问题（这个问题也是所有其他哲学问题的起源）：人是什么？

有什么特征是人类所独有的吗？一个最佳选项就是我们会脸红。达尔文将其描述为“所有表达方式中最奇特、最具人性的”一种。在一个微不足道的意义上，人类当然是独一无二的。没有什么其他物种和人类完全一样。但从同样微不足道的意义上说，所有其他物种也都是独一无二的，猫也一样。更确切地说，问题在于是否在某种重要的意义上，我们也是独一无二的。一个重要的区别在于，我们人类具有实施道德行为和承担责任的能力。另一个答案是我们的语言能力使我们成为独一无二的存在。这样一来，就意味着我们又回到了亚里士多德对于人的定义："拥有语言的生命。"虽然语言能力是一个非常重要的差异，但是没有语言并不意味着缺少意识、思维和情绪。

大卫·休谟认为，人类之所以有别于动物，主要是因为我们的生活完全依赖于各种工具。我们的智力比动物的更发达，这是我们生存所必需的，因为大自然赋予我们的体能远远不如动物。因为我们是如此不堪一击，所以我们需要制造工具、建造小屋和房子、织造衣服，等等，这样我们才能在残酷的大自然中存活下来。因此，有人认为休谟此言本末倒置。各种发明和各类技术的发展使我们的智力也得以进化；与此同时，我们对生存所需的各种自然特性的依赖程度就降低了。

也许我们甚至都不应该说我们发明了技术，恰恰相反，是技术发明了我们。正是得益于技术，我们才可以以这种形式存在。技术在人类出现之前就存在了，至少是先于今天的人类就存在了，技术独立存在于人类世界之外，比如黑猩猩所使用的那些工具。在我们的祖先开始敲击石头，以此打造出一个锋利的石头工具时，他们还不足以被称为人类。相比今天来说，那时的技术发展速度比较缓慢，直到 100 万年以后，才有人把这块锋利的石头绑在一根棍子上，制造出第一把斧头。类似的技术解放了资源，使得人类的大脑容量增大了。

一方面，很显然，你、我与黑猩猩、狗和猫这些动物之间的共性，要比它们中的任何一种与蚯蚓之间的共性大得多。在这个世界上，人类与动物之间泾渭分明——人类在这头，动物（如黑猩猩和蚯蚓）在那头；现在，这个分界线开始变得模糊。另一方面，我们不应该忽略我们人类与哪怕亲缘关系最近的物种之间的巨大差异。美国灵长类动物学家马克·豪泽（Marc Hauser）认为，最终我们可能会发现人类和动物在认知上的区别，哪怕是人类与黑猩猩之间，也比黑猩猩与甲虫之间的差别大得多。这个断言铿锵有力，但是我们却不清楚该如何比较；当然，同样明显的是，差别当然很大。如果有外星来客试图对地球上的所有生命做一概述，如果它们在人类与所有其他动物之间做一区分，将人类放在一个阵营而将所有其他动物放在另一阵营，那么也不为错。

这倒也不是故意忽略黑猩猩、麻雀、鲑鱼和蠕虫之间存在的巨大差异，因为它们确实未曾创作过小说，发现过自然法则，创造过一台电脑或引爆过一颗原子弹；它们也未曾想过要做这些事。没有任何一个其他物种会像人类一样，在习俗和习性上表现出巨大的差异。我的狗有各种奇怪的行为模式，我以为这是它特有的行为模式，直到后来我见了很多其他的惠比特犬之后，才发现它们的行为特征极其相似。与贵宾犬和德国牧羊犬不同，惠比特犬的行为都很相似。

不同的品种之间总有相当固定的行为差异，这必然是由于遗传变异。总之，我的狗的行为习惯可没那么灵活多变。不同个体、群体和品种之间存在差异，同一物种的动物之间也存在差异。例如，有一些习俗只能在一个地区的黑猩猩身上看到，在另一个地区的黑猩猩身上则看不到，也没有任何基因变异可以解释这种差异。我们可以说有些物种也拥有我们称之为文化的东西，但仍远不及我们在人类身上发现的这些文化和个体差异。

那么那些在生物学意义上与我们最亲近的动物呢？一般来说，在记忆、使用工具和理解因果关系方面，成年猴子大致相当于人类两三岁儿童的水平（这一点令人惊叹），但是远低于成年人的水平。在社交技能方面，儿童比成年黑猩猩表现得好很多，至于说理解他人的手势和意图，那儿童更是完全胜出。

人类有一种向他人学习的能力，尤其是教学和交流的能力；这一点所有其他物种都望尘莫及。哪怕是只有三四岁大的儿童也能意识到其他人认为的可能会是错的：比如，大人可能会认为盒子里有东西，而儿童自己知道盒子是空的。黑猩猩似乎从来学不会这一点。尽管黑猩猩展示出和人类两岁儿童一样的水平，但是你仍然要记住，这个年龄段的儿童才刚开始学习，而黑猩猩已经达到自身能力的极限。

尽管我们与黑猩猩的基因存在着 98% ~ 99% 的相似性，但并不意味着“人类与黑猩猩的相似度是 99%”。首先，我们可以对这个百分比有所保留，最后的结果完全取决于你的计算方式。正常来说，百分比估计介于 94% ~ 99% 之间，但是我也见过低至 75% 的说法。如果基于其中一种计算方法，那么可以认为我们有 98.5% 的脱氧核糖核酸（DNA）和黑猩猩一样，92% 的脱氧核糖核酸和老鼠一样，60% 的脱氧核糖核酸和果蝇一样。我们有 50% 的脱氧核糖核酸和香蕉一样，但我们不能说一个人有“一半是香蕉”，正如也不能说一个人有 98.5% 是黑猩猩一样。从根本上来说，这些百分比并不能说明太多问题，因为生物体之间的比较不能归结为脱氧核糖核酸的比较。人类根本就不是猴子，不论是从遗传学还是从解剖学和心理学层面来说都是如此。猴子生来就会爬树，而人类生来就是直立行走的。诚然，猴子也能在地上行走，而人类也会爬树，但那都不是我们双方所擅长的。

人类的合作是非常独特的。比如，需要很多人的通力合作，我们才能读到一本书。作者当然很重要，但是编辑和封面设计师也同样不可或缺。此外，还必须有人生产纸张，然后送印，将文本印刷到纸上，最后把书页装订成册，再装上封面。还有很多人参与到物流和销售中，将书籍运到书店交付给读者。在此之前，另一件至关重要的事就是要有书写用的笔。只有相当多的人参与此项合作才能让笔变得唾手可得，然后再把它送到作者手中，这个过程是相当惊人的。在那之后，有人研制出了计算机和文本编辑程序，这样可以把手写的文稿输入计算机。在读者拿着一本书展卷而读之前，已有无数人付出了大量劳动，参与了书本问世的过程。没有任何一种其他动物能在前期进行如此复杂的合作，生产一种需要动用如此多不同步骤的产品。世界上有数百万个物种，正如我们所看到的，其中很多物种会建造巢穴、蚁丘或水坝，也有很多物种可以使用甚至制造工具。虽然许多物种展现出了神奇而迷人的智力水平，但是我们人类与其余一切事物之间的差别是相当大的。人类社会存在着各种各样的行为，数量超过了从其他物种身上所发现的。在其他物种中发现的行为变化，主要可以用遗传变异来解释，但也不尽然，因为生活在不同地方的群体，即便几乎不存在遗传变异，行为也都各不相同。我们也可以谈谈在动物之间代代相传的某些文化传统，但必须再次强调的是，其复杂程度远不足以与人类社会相提并论。总的来说，人类之间很少有遗传变异，但行为变化却极多。我们是复杂多变的生物。

总而言之，休谟关注的是人类与其他动物之间的相似性有多大，但是他并非对差别视而不见。也许最重要的差别在于动物不具备所谓的元认知能力，即使这不是休谟的原话。重点在于，动物即使能有不同的精神状态，也无法就其进行思考。你的狗可能会感到沮丧，它也能感觉到你情绪低落，但是它无法对你的情绪状态进行思考。作为人类，你有能力理解你自己和你的狗，尽管你必须承认你对两者的理解将永远不会穷尽。严格来说，你的狗既无法理解你，也无法理解它自己。

如果你一脸沮丧地坐在酒吧里，盯着你的酒杯，然后说“我妻子不理解我”，那么答案很可能是她确实真的不理解你，但即使她没有你认为的那么理解你，也总比其他人强。但是，如果你同样盯着你的酒杯，然后说“我的狗不理解我”，那么你的要求就稍微显得有点过分了。不过，你的狗可以感受你的感受，而这本身就是一种理解。

我们人类是一种独一无二的孤独存在。但就具有喜欢、忍受、挨饿、厌恶、渴望某样东西和爱的能力而言，我们并不是唯一的；我们本可以构成一个共同体。

18

人类和动物能成为朋友吗

法国哲学家雅克·德里达（Jacques Derrida）在一次演讲中回忆了一件事，他讲到有一天早上他赤身裸体地站在浴室里，突然看到他的猫在盯着他看，让他很吃惊的是，来自动物的瞪视让他觉得很尴尬。我倒是觉得当这样被自己的猫或狗在浴室里盯着看的时候，很少有人会有这样的反应。但是尽管如此，我仍然认为他有一点说得很对：动物可以看到我们，它们能回头看着我们，跟我们说话，它们可能甚至还会用责备的眼光看着我们，从而使我们感到惭愧。每每遇到这种凝视，动物就不再仅是它们，也是属于我们的一部分。

人类和动物能成为朋友吗？这取决于我们赋予“友谊”这个词语什么含义。亚里士多德声称，一切形式的友谊都有一种相互的、明显的善意，朋友之间都会彼此真诚祝愿。他还对友谊的三种形式做了区分。友谊的效用是通过彼此从对方身上获得的利益来定义的。也有建立在快乐基础上的友谊，你们彼此相处舒服，可以在一起玩得很开心。然而，友谊的最高形式是双方的德行势均力敌，双方彼此祝愿、互相欣赏。康德认为相爱的最高形式就是友谊。他还区分了不同类型的友谊，他的观点同亚里士多德的观点部分趋同。有的友谊出于需要，有的友谊则出于彼此品味相投，这些都与亚里士多德所谓的友谊的功利性和快乐有关。此外，康德强调，也有的友谊是出于两个人彼此完全信任、坦诚以待，他们可以交流思想、吐露心事、分享秘密。亚里士多德也好，康德也罢，都不会认同人类与动物之间的关系是一种友谊，这大概是因为动物既无语言，也无理性，因此两者之间无法形成友谊。但是对此我持有不同的意见。之所以缺乏语言和理性就无法建立起亚里士多德和康德所谓的友谊，是因为他们对于友谊的定义是基于语言学意义的。缺少语言这一中介，你就无法交流有关道德品行的想法，也无法分享秘密。对于友谊的其他形式来说，比如基于功利性和快乐的友谊，我们不清楚这一情形是否也成立。人类与动物的关系，远不止是为了满足人类自己的情感需求，它还包含了对动物的关爱，这源于对动物的需求和欲望的理解，明白它们也渴望过一种幸福的生活。

当你的猫躺在你的大腿上，将身体伸展开，然后再蜷缩成一个球，发出呼噜声，爪子来回伸缩时，这表明很显然它喜欢当下的状态。在它一次次地试图跳到你的大腿上时，如果你认为这是它在表达对你的喜欢或者喜爱，那么也是非常合乎情理的。

有人会说，你永远不知道在动物的意识中到底发生了什么；由于动物没有语言，人类与动物之间有太多无法分享的东西。这是正确的。然而，人类之间也有很多东西无法进行分享，你也永远无法确定另一个人的脑海里到底在想什么。即使你想和亲密的朋友或你爱的人分享一段经历，这些经历中也有一部分感受是你只能自己独自体会和感受的，别人永远不得而知。如果你感到难过，那么也可以对别人说你很难过，但你永远无法把这种难过的感受完全表达出来。狗能察觉到大多数人不会注意到的悲伤。虽然它不会对你的悲伤进行思考，但是它会做出回应，所以你也可以说它能分享这种悲伤。在你快乐的时候也是如此。但是人类朋友可以站在你的立场为你感到高兴或难过，这一点狗或猫都做不到。

尽管人类与其他动物之间有很大的不同，但动物生活和人类生活的边界却不甚分明。动物并非在我们的世界之外兀自生活。学着了解动物也就是学着了解自己，至少是学着了解自己的重要方面。这个过程不仅是学习看到自己动物性的一面，而且是学习看到动物身上存在着的人性的一面。我与同我一起生活过的猫和狗之间的关系，绝对不是我与其他人关系的低级版本。这两者之间存在差异，原因很简单：动物本就和人类不同。

一方面，我确信我有一些狗和猫都没有的情感，比如羞愧或嫉妒等。另一方面，它们很可能也拥有一些我所不具备的情感；而因为我不具备这些情感，所以我也无法将它们在动物身上识别出来：它们对我来说终归是谜。然而很明显，我们的情感生活有很多交叠的部分，尤其正是从这个层面上来说，我们可以理解动物，而不仅仅是解释它们。

当你对一个物种了解得越多时，你就越会把那个物种的个别成员当作个体对待：没有谁和谁是完全相同的。尤其对那些拥有高度发达的意识的动物而言，这一点尤为明显；因为如果你愿意，在那些动物身上你就可以发现很多个性的东西。这是一个个体，而这个个体与它的其他同类不同。通过与动物一起生活，并建立一种交流方式——在这个过程中，动物学着去理解你，而你也学着去理解动物，一个共同的世界便建立起来了。在你的世界中，总有很大一部分是动物无法参与其中的，反之亦然；但是在共同生活的过程中，二者共享的世界变得更大。

谨以此书献给我的母亲，她是一个与动物相处得异常融洽的人。在我幼年时，母亲教会了我如何去理解它们。她教了我什么？她教我学会了等待，而不是硬要动物来接受我，要试着去让它们跟我熟悉起来；她教我去倾听动物的声音，而且更重要的是，她教我要关注它们；她教我允许动物通过行为告诉我它是谁；她教我对动物保持一种平和的、开放的态度：如果你都做到了，那么你对动物的理解便水到渠成了。

图书在版编目（CIP）数据

假如猫狗会说话 : 关于动物的哲学思考 / (挪威)拉斯·弗雷德里克·H. 史文德森(Lars Fr. H. Svendsen) 著 ; 李楠译. -- 北京 : 中国人民大学出版社，2021.10
ISBN 978-7-300-29898-6

Ⅰ. ①假… Ⅱ. ①拉… ②李… Ⅲ. ①人类－关系－动物－哲学－通俗读物 Ⅳ. ①B-49

中国版本图书馆CIP数据核字(2021)第185766号

假如猫狗会说话：关于动物的哲学思考

［挪威］拉斯·弗雷德里克·H. 史文德森 著

李 楠 译

Jiaru Mao-Gou Hui Shuohua: Guanyu Dongwu de Zhexue Sikao

出版发行	中国人民大学出版社		
社　　址	北京中关村大街31号	**邮政编码**	100080
电　　话	010-62511242（总编室）		010-62511770（质管部）
	010-82501766（邮购部）		010-62514148（门市部）
	010-62515195（发行公司）		010-62515275（盗版举报）
网　　址	http://www.crup.com.cn		
经　　销	新华书店		
印　　刷	北京联兴盛业印刷股份有限公司		
规　　格	130mm×185mm　32开本	**版　次**	2021年10月第1版
印　　张	6.875　插页2	**印　次**	2021年10月第1次印刷
字　　数	120 000	**定　价**	59.00元